视频剪辑+后期处理+运营管理

零基础
玩转
剪映

Capcut

蒋 杰◎编著

U0261089

中国铁道出版社有限公司
CHINA RAILWAY PUBLISHING HOUSE CO., LTD.

内 容 简 介

这是一本专门介绍剪映后期剪辑以及视频运营管理的书籍，书中以实例演示的讲解方式向读者介绍了剪映后期处理的实战应用，同时结合与视频创作、发布密切相关的运营管理工作，从拍摄、剪辑、运营的角度来帮助读者创作出高质量的视频，提升竞争优势。

本书适合视频内容创作者、自媒体与短视频运营人员、剪辑爱好者及短视频创业者阅读。另外，有一定视频制作经验的新媒体人员也可以从中学到实用的剪辑和运营技术。

图书在版编目（CIP）数据

零基础玩转剪映：视频剪辑+后期处理+运营管理/蒋杰编著. —北京：中国铁道出版社有限公司，2023.4
ISBN 978-7-113-29633-9

I.①零… II.①蒋… III.①视频编辑软件 IV.①TP317.53

中国版本图书馆CIP数据核字（2022）第169185号

书　　名：**零基础玩转剪映——视频剪辑＋后期处理＋运营管理**
　　　　　LINGJICHU WANZHUAN JIANYING SHIPIN JIANJI HOUQI CHULI YUNYING GUANLI
作　　者：蒋　杰

责任编辑：张　丹　　　编辑部电话：(010) 51873028　　　电子邮箱：232262382@qq.com
封面设计：宿　萌
责任校对：安海燕
责任印制：赵星辰

出版发行：中国铁道出版社有限公司（100054，北京市西城区右安门西街 8 号）
网　　址：http://www.tdpress.com
印　　刷：北京联兴盛业印刷股份有限公司
版　　次：2023 年 4 月第 1 版　　2023 年 4 月第 1 次印刷
开　　本：710 mm×1 000 mm 1/16　印张：14.5　字数：260 千
书　　号：ISBN 978-7-113-29633-9
定　　价：69.80 元

前言

在如今的互联网时代，短视频已经成为新媒体内容的重要载体，其以短、精、小的特点受到了网民的普遍青睐。据不完全统计，超过一半的互联网用户每天都会观看短视频，短视频已成为占据人们网络时间的重要内容领域。

以上这些都充分说明了短视频的受欢迎度。随着短视频行业的快速发展，越来越多的内容创作者以及创业者有了进入短视频领域的想法。要进入短视频领域，首先要具备视频拍摄、剪辑的技能。对于刚入门的视频剪辑新手来说，找到一款好用、便捷的视频剪辑工具是很重要的。市场中的视频剪辑软件有很多，其中，剪映就是一款很适合新手使用的剪辑软件，它的优点很突出，有手机版和桌面版，两个版本能实现云端数据互通。强大的视频剪辑功能完全能满足创作者的使用需求，清爽的界面、丰富的素材库让剪映非常易上手，也让创作更简单。

为了帮助视频创作者快速熟悉视频拍摄，掌握剪映的使用方法，并通过运营提升自身优势，我们精心编写了本书。

主要内容

全书总共9章，主要分为三大部分，包括短视频初步认知和拍摄、剪映后期剪辑应用以及视频运营管理。

第一部分	短视频初步认知和拍摄
	第1~2章，主要从短视频内容策划和拍摄两方面来讲解如何做好短视频内容创作和运营。

第二部分	剪映后期剪辑应用
	第3~7章，内容包括认识剪映并掌握基本使用方法、剪映后期处理的功能应用、如何利用后期提升画面效果、为视频添加音频与特效以及剪映技术综合实战应用案例。通过本部分的学习，可以了解剪映的具体使用方法和技巧。

第三部分	视频运营管理

第8～9章，主要从运营管理的角度出发，讲解如何做好视频的发布和传播，以及如何通过运营提高短视频作品的价值。具体包括提高播放量的发布策略、让视频上热门的运营策略、渠道运营、用户运营、数据运营等。

内容特点

内容实用
按照内容策划、拍摄制作、后期剪辑到运营管理的流程进行讲解，内容实用也更利于阅读和学习。

操作性强
全书在讲解过程中添加了实例分析和实例演示，旨在帮助读者学到实用的技能并快速上手实践。

阅读轻松
将枯燥的理论知识制作成图示和图表进行展示，使内容阅读起来更轻松，也帮助读者更快理解和掌握。

另外，本书还提供了实例涉及的素材效果文件，以及综合案例的制作视频，旨在帮助读者更方便地进行操作练习。

读者对象

本书适合初涉短视频的内容创作者、自媒体人、剪辑初学者及想要进入短视频领域的相关人员学习和借鉴。

资源赠送

为了方便不同网络环境的读者学习，也为了提升图书的附加价值，本书附赠素材和效果文件，请读者在电脑端打开链接下载获取。

下载网址：http://www.m.crphdm.com/2023/0216/14549.shtml

编　者
2023年2月

目录

第2章　专业拍摄提升视频视觉效果

第3章　认识剪映并掌握基本使用方法

第4章　剪映后期处理的功能应用

第5章　让画面效果更理想的后期剪辑

第6章　音频与特效让视频效果锦上添花

第7章　剪映技术综合实战应用案例

第8章　视频的发布与传播策略

第9章　运营让短视频作品更有价值

第 1 章

短视频运营
初步认知

现如今，短视频已成为很多人生活娱乐的一部分，它满足了人们休闲娱乐、快速获取知识资讯等需求。但是，并不是所有的短视频都能赢得用户的青睐，要想充分发挥短视频的价值，还需要重视短视频运营管理。

短视频运营基础背景

短视频的内容展示形式
短视频为什么需要运营
四大方向看懂短视频运营

爆款短视频是如何炼成的

优质短视频内容策划
精心设计短视频脚本
善用剪辑技术增添视频亮点
高关注度背后的运营逻辑

1.1 短视频运营基础指南

用户观看短视频,大致会经历被标题(封面)吸引→点击短视频→播放观看(浏览内容和聆听配乐)→信息接收→做出反馈(如点赞、评论等)的流程。那么运营也可以围绕短视频触达用户的整个环节来展开,短视频创作者要对短视频以及短视频运营有正确的认识,这样才能获得理想的运营效果,实现相应的目的。

1.1.1 短视频的内容展示形式

在新媒体时代,短视频之所以能广泛流行并被高效传播,与其特点密切相关,主要有以下几点:

① 短视频时长短,但内容却精彩丰富,很适合闲暇之余观看。

② 短视频的创作门槛相对较低,可以通过手机创作并快速发布。

③ 短视频创意百花齐放,进一步提升了短视频的吸引力。

④ 短视频的发布渠道有很多,并且可以通过新媒体实现裂变式传播。

⑤ 从营销的角度来看,短视频营销具有互动性强、成本较低的优势。

要想做好短视频,内容是关键。短视频的内容有多种类型,如搞笑、萌宠、美食、游戏动漫、母婴育儿以及旅行摄影等,这里将短视频分为商品型短视频和内容型短视频两种。

(1)商品型短视频

这类短视频主要以商品营销为主,侧重于产品展示,一般会展示商品的整体以及细节,让受众了解产品的亮点、外观、功能以及使用场景等。部分商品型短视频会有真人出镜进行评测和讲解,以为消费者提供购买决策。

(2)内容型短视频

内容型短视频的表现形式十分多样化,包括情景短剧、真人口述、生活vlog、技能分享、街头采访、美食制作等。这类短视频的内容普遍贴近生活,常常也会针对当下的热点话题进行内容创作,因此很受短视频用户的喜爱。

不同类型的内容型短视频有其独特的展现形式，以情景短剧和街头采访为例，情景短剧会以真人出镜的方式演绎故事情节，内容可以搞笑、有趣或温馨，出镜的人物通常都是固定的，有助于打造人设。街头采访类短视频常常也有人物出镜，但人物一般不固定，主要以采访＋对话为展现形式。

1.1.2　短视频为什么需要运营

很多创作者会有这样的疑问：短视频为什么需要运营，运营和不运营有什么差别？可以明确的是，如果想要利用短视频打造优质账号或者实现获利，那么就需要对短视频内容和账号进行精细化运营，运营有以下几点重要作用。

（1）指导优质内容创作

从用户的角度来看，只有优质的内容才能吸引他们持续关注。那么什么样的内容才是优质内容呢？简单来讲就是用户喜欢的内容。运营人员可以结合内容定位、用户反馈、竞品分析来进行短视频选题策划，从而让短视频吸引到用户，给人留下深刻印象。通过持续的精细化运营，短视频内容会被越来越多的人记住，随着粉丝的不断积累，当账号具有人格化与个性化标签后，运营的作用就会逐渐显现，包括让流量逐渐变成留存用户、短视频价值体现等。

相反，如果在一开始就不重视运营，将很难发现内容创作中存在的问题，内容质量上不去，没有流量，也无法吸引到用户，这样就无法发挥短视频的优势和商业价值。

（2）获得有用的数据

短视频是一种内容表现方式，对内容生产者来说，数据是很重要的，它可以帮助我们判断一个短视频是否有潜力，以及前期的方向是否正确、投入是否有回报等。短视频常用的数据有完播率、点赞量、互动数等，分析这些数据，并运用这些数据帮助自己明确定位、指导内容发布就是运营的工作之一。所以，短视频运营人员一般要具备大数据收集和分析能力。

（3）实现获客和留存

短视频可以帮助内容生产者聚集流量，但是不稳定的流量很容易流失，这时就要通过运营来使粉丝留存下来。因为只有拥有的忠实粉丝越来越多，商业获利能力才会越来越强。对短视频内容生产者来说，无论是通过抖音、快手还是微博、微信等视频平台发布视频，都需要积累忠实粉丝，忠实粉丝所带来的获利转化要比普通用户高很多。

1.1.3　四大方向看懂短视频运营

从短视频运营的内容来看，其主要包括内容运营、渠道运营、数据运营和用户运营四个方向。

（1）内容运营

内容运营很好理解，就是内容的策划与生产。对短视频团队而言，运营人员可能并不负责短视频的拍摄，但是要参与选题策划以及内容设计。对于个人创作者而言，则要负责内容制作 + 内容运营两方面的工作了。

有效的内容运营能够帮助短视频提升点击量、完播率以及互动率，做短视频内容运营要抛开"自我思维"，应站在受众的角度去思考和创作短视频。如果坚持"自我思维"，那么内容可能无法打动用户，进而导致视频创作变成无用功。

（2）渠道运营

做短视频运营都要基于特定的平台，渠道运营就是围绕短视频平台所做的运营。因为不同的短视频发布平台有不同的运行机制和特点，每个平台的用户属性和定位都有差异，针对不同的平台，要采用不同的运营思路和策略。运营人员要了解平台定位、用户喜好以及优势特色等，才能做好运营。

图 1-1 为新榜《2021 新媒体内容生态数据报告》中关于各平台创作生长趋势的内容。可以看到，在内容上，不同平台的内容扩张路径不太相同，有的平台侧重于严肃的泛资讯类内容，以公众号和视频号为代表；有的平台则偏重于轻松的泛娱乐类内容，以 B 站和小红书为代表。

图 1-1

（3）数据运营

短视频的每一项数据都是很有意义的，在短视频运营分析中，很多时候都要利用数据来总结规律、发现不足。通过数据可以对短视频内容以及账号进行全面的评估，了解账号的粉丝画像以及渠道的内容创作趋势等。图 1-2 为某达人抖音号的短视频数据部分内容。

图 1-2

（4）用户运营

短视频的创作和传播都是围绕目标受众来进行的，拉新和留存也是为了不断地扩大粉丝规模，最终实现粉丝的转化。在短视频运营的不同阶段，用户运营的重点也会不同，该部分内容将在后面章节详细讲解。

1.2　爆款短视频是如何炼成的

所有的内容创作者都希望自己的短视频能成为爆款视频，爆款短视频所带来的流量和涨粉效果是非常突出的，要打造爆款短视频，首先要明确爆款短视频的特点以及背后的运营逻辑。

1.2.1　优质短视频内容策划

一条短视频之所以能成为爆款，其内容必定足够优质，因此，要让自己的短视频有成为爆款的潜力，必须保证内容的优质度，优质短视频一般有以下特点：

- ◆　优质都是符合平台规范的，否则无法通过审核。
- ◆　优质短视频能让受众获取价值，如技能技巧、有用的知识、传递正确的价值观、让人们开怀一笑等。
- ◆　从画面效果来看，优质短视频的画质都很清晰，画面模糊不清的短视频会影响受众的体验感，即使内容足够有创意，也很容易被用户划走。
- ◆　优质短视频基本上都是原创视频，在内容上能够通过创意展现或引发共鸣，给用户留下深刻印象。

做短视频运营，要求内容生产者能持续输出优质内容，而短视频内容创作可以分三步走。

（1）短视频选题

明确了选题才能把握短视频创作的方向，为保证短视频的持续输出，在日常创作视频的过程中就要有意识地积累选题。创作者可以将日常生活中想到的点子，或者一些新媒体话题、热点都记录到备选选题库中，在进行内容创作时能从中找到灵感。

在策划选题时，要注意选题应与账号定位相契合，比如账号定位于美食领域，那么就以美食为主要选题方向进行内容创作，如果短视频的内容五花八门，会影响账号的垂直度，也很容易被用户遗忘。坚持做相同领域的内容，容易形成独立的标签，打造个性化人设，也能提高短视频被系统推荐的几率。另外，如果其中一个视频上了热门，其他同类视频也可能被推上热门，从而吸引更多目标粉丝的关注。现如今，短视频同质化现象也越来越严重，深耕垂直细分领域，更能维持住粉丝黏性，从而不断扩大账号的影响力和商业价值。按照选题的方向可以将选题分类整体存放在选题库表中，见表1-1。

表1-1 选题库范表

选题方向	标　　题	思　路	要　点
美食—菜谱	网红美食，美味小零食……	—	—
	马卡龙云朵蛋糕……	—	—
美食—故事	九宫格串串，下雨天与串串……	—	—
	国风美食，桃花酥……	—	—

（2）主题筛选

第二步是筛选内容主题，结合账号定位、粉丝喜好以及当下热点等，从选题库中筛选适合的内容主题。热点话题自带流量属性，借助热点创作短视频可以帮助视频上热门，但是不能为了追热点而追热点，还应考虑内容与账号、粉丝、平台的适配性。创作者可以结合主题适配性评分表（见表1-2）对内容主题进行评分，最终确定合适的短视频内容主题。

表1-2 短视频主题适配性评分表

评分人	账号定位	平台属性	粉丝喜好	热点属性	可操作性
张××	6	9	9	7	8
李××	7	8	9	8	7
王××	5	9	7	6	8
罗××	8	8	9	9	7
平均分	6.5	8.5	8.5	7.5	7.5

表1-2中的可操作性是指该内容题材是否适合用短视频来表达，以及拍摄的难易程度，可操作性越高，说明该题材越适合短视频这一表现形式。结合表1-2，

可以将多个主题用雷达图来进行比较，以综合评估所选主题的适配性，如图1-3所示。

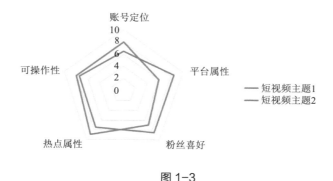

图1-3

（3）拍摄计划

明确短视频内容主题后，还要做好拍摄前的一系列准备工作，包括书写短视频脚本、准备拍摄设备、布置拍摄场景、让剪辑人员熟悉素材和主题。视频拍摄完成后，还需进行后期剪辑，这样一个完整的短视频才算制作完成。

1.2.2 精心设计短视频脚本

相比长视频，短视频的时长并不长，但仍要编写短视频脚本。短视频脚本是拍摄视频的依据，制作脚本是为了提前规划好短视频拍摄、剪辑的思路以及流程，有了脚本就能明确每一步应该做什么，以及服装、设备、场景的安排，从而大大提高拍摄的效率。

短视频脚本可以说是视频拍摄的指南，上面会写明时间、地点，画面中出现什么，以及镜头语言、台词设计、人物表情、后期制作是怎样的。视频中的每一个细节都能在脚本中进行体现，这能避免视频拍摄到一半时又临时去找辅助道具、拍摄场景，或者拍摄完成后剪辑师不清楚如何剪辑等问题。总的来看，短视频脚本不仅能提高视频拍摄效率，还能提高视频拍摄的质量。那么应该如何编写脚本呢？

从类型上来看，短视频脚本可分为提纲脚本、文学脚本以及分镜头脚本等，其中，短视频常用的为分镜头脚本。分镜头脚本主要包括景别、镜头时长、拍摄方法、画面内容和背景音乐等内容，通过分镜头脚本可以看出短视频的大致故事情节以及镜头的画面内容。分镜头脚本模板见表1-3。

表 1-3 短视频分镜头脚本模板

镜号	画面	景别	技法	时长	旁白	音乐	备注
一、交代环境							
1	环境交代，空镜头	近景、特写	手持，浅景深，推镜头	2～3秒			
2	人物眼神局部特写交代	局部特写	手持，浅景深，下移镜头	2～3秒			
3	交代人物所在的具体场景	中景	平移，拉镜头，逐渐带上环境	4秒			
4	拍摄人物的背影并交代环境天气	全景	广角仰拍	2秒			
5	人物在场景中练习的画面	全景	广角平移跟拍	1～2秒			
二、人物在场景二中练习							
6	人物在场景中练习的画面	近景、中景	手持跟拍	1～2秒			
7	人物面部和眼睛特写，交代背景	近景、特写	手持跟拍	1～2秒			
8	相同人物面部描述，场景切换	近景、特写	手持跟拍，叠化转场	2～3秒			
9	……						

通过上述短视频分镜头脚本模板可以看出，脚本是短视频具体内容的简化形式，按镜头先后顺序安排视频画面，用文字描述具体的画面内容。如近景、中景体现了主体在画面中所呈现出的范围大小，音乐是短视频后期的配乐，叠化体现了后期的特效效果。

剪映 App 也为视频创作者提供了一些创作脚本，包括 vlog、好物分享、美食、探店以及旅行等多个类别，创作者可参考这些模板来编写脚本，如图1-4所示。

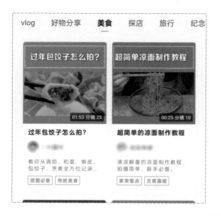

图 1-4

　　另外，也可以使用剪映 App 提供的脚本创作工具直接创作短视频脚本，下面来看看如何操作。

实例演示
用剪映创作短视频脚本

步骤01　在应用商城搜索并安装"剪映"App，点击"剪映"App图标，打开剪映，点击"创作脚本"按钮，如图1-5所示。

步骤02　在打开的页面中可以查到各种类别的脚本模板，这里点击"新建脚本"按钮，如图1-6所示。

图 1-5　　　　　　　　　　　　　　图 1-6

步骤03　在打开的页面中输入脚本标题、大纲等内容，点击"+"按钮，如图1-7所示。

步骤04　在打开的下拉列表中选择素材上传方式，可选择"拍摄"或"从相册上传"，这里点击"从相册上传"按钮，如图1-8所示。

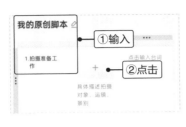

图 1-7

图 1-8

步骤05 在手机相册中选择需要的素材，选中"高清"单选按钮，点击"添加"按钮，如图1-9所示。

步骤06 在素材下方输入拍摄内容、景别以及运镜技巧等，完成脚本编写后，可点击"预览"按钮预览视频或者点击"导入剪辑"按钮进行视频剪辑操作，如图1-10所示。

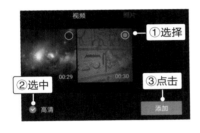

图 1-9

图 1-10

使用剪映 App 创作脚本时，也可不上传素材，直接在素材描述下方写明该段分镜的拍摄内容、景别以及运镜技巧等，退出脚本创作页面会自动保存当前编辑的脚本内容。

TIPS 写短视频脚本要做哪些准备

在编写短视频脚本前，要先在脑子中理清短视频的整体内容和思路，包括内容的表达方式、拍摄主题、拍摄时间、拍摄地点、拍摄参照及背景音乐等，明确以上内容后再编写短视频。

1.2.3　善用剪辑技术增添视频亮点

后期剪辑具有故事重构、调色美化的重要作用，短视频中矛盾冲突的突显、情节节奏的把控、气氛的渲染、特效的运用等都要依靠后期剪辑技术，可以说，后期剪辑的效果会直接影响短视频成片的最终质量。短视频拍摄完成后，后期剪辑的大致流程如下：

◆ 剪辑师将视频素材按剧情的发展过程进行整理，然后根据剧情场景顺序对视频镜头进行粗剪，保证视频内容是连续且有逻辑的，这一步可以初步确定视频的整体框架。

◆ 在粗剪的基础上再进行短视频的精剪，精剪要对短视频的细节进行处理，包括完善视频节奏、对某些片段进行删减、微调视频时长等。在这一过程中，剪辑师需要反复浏览视频，这样才能发现视频中存在的问题，并对这些问题进行处理。

◆ 为短视频添加音乐和声音效果，配乐对短视频是非常重要的，它不仅能影响视频风格和观众情绪，还可能影响短视频的流量。视频的画面节奏如果与音乐有很高的匹配度，那么会让视频观看起来更和谐，更有代入感。

◆ 制作字幕、特效和调色，有对话、配音的短视频一般都需要添加字幕，特效则会提升短视频的视觉效果。以抖音为例，抖音短视频特效已成为视频创作的一种方式，很多达人投稿的视频都会使用特效。调色则是对短视频的色彩进行调整，调色可以对偏色进行修正，也可以表现环境氛围。

◆ 最后将短视频交给第三方观看，根据第三方的意见对视频进行再次调整，如修改字幕、更换音乐等，对短视频做进一步改进后生成成片。

从短视频剪辑的流程可以看出，后期剪辑并不是一项简单的工作，需要剪辑师循序渐进地对视频进行处理，以实现预期的创作效果。恰当的后期剪辑能使短视频镜头的转换自然流畅，让观众觉得视频生动有趣，从而进行点赞、转发或评论等，这些互动行为都能帮助短视频上热门。

1.2.4 高关注度背后的运营逻辑

从短视频运营的流程来看，大致可分为三个阶段，视频发布前的运营、发布中的运营以及发布后的运营，每个阶段都有其特定的运营逻辑，我们掌握运营的要点，能够进一步提高短视频成为爆款的潜力。

（1）视频发布前

在短视频发布前，主要的运营要点就是对选题和内容质量进行把控。在进行选题策划时，不妨问问以下几个问题，以检测短视频选题是否能够吸引观众：

① 短视频选题是否符合平台规范？

② 短视频选题是否面向目标受众，受众的广度怎样？

③ 短视频选题是否具备爆款属性，即是否具备共鸣性、冲突性、热点性？

如果选题具有成为爆款的潜力，那么接下来就要重点把控视频拍摄和剪辑，画面美观清晰、配乐恰当自然就能为短视频加分。结合短视频的属性来看，在做短视频内容运营时，可把握以下创作要点来帮助提高爆款几率。

- 短视频时长较短，因此最好在前几秒就吸引观众的眼球，否则很容易被划走。
- 在挑选配乐时，可优先考虑平台热门音乐，热门音乐都是广受欢迎的音乐，能够提高观众对视频的好感度。
- 短视频的内容最好短而精简，突出重点，富有创意的短视频更容易成为爆款。
- 重视短视频的片头和片尾，片头和片尾可以用于引导互动或为其他作品引流。

（2）视频发布中

在视频发布过程中，要注意标题文案、话题标签等的设计，要特别注意避免出现禁用词汇。

- **不文明用语：** 如侮辱谩骂、人身攻击、消极宣泄、暴力行为、恐怖描述等词汇。
- **权威性用语：** 如国家 ×× 机关推荐，使用国家机关工作人员名称进行宣传。
- **虚假推广：** 包括疑似欺骗消费者的用语、化妆品虚假宣传用语、医疗敏感词等，如点击有惊喜、再不抢就没了、快速美白这类内容。
- **歧视性用语：** 带有民族、种族、性别歧视的用语。
- **政治敏感用语：** 涉及敏感事件、政治人物等文字内容。

在发布短视频前，可先使用违禁词查询工具对文案中可能存在的违禁词进行检测，此类工具有很多，可直接通过搜索引擎搜索并选择使用。图1-11所示为违禁词查询页面。

待检测违禁词的内容	[重置待检测内容]	违禁词检测结果
没有彼此的尊重，友谊是不可能的，友谊最重要的不是接受爱，而是奉献爱。@抖音小助手		1. 最 严禁使用极限用语

✓ 立即查询违禁词　◉ 公共词库　○ 私有词库

图 1-11

（3）视频发布后

视频发布后，并不代表短视频运营就结束了，要想让视频成为爆款，还需要通过引导互动、转发扩散等运营方法来提高短视频的各项数据，然后对数据表现进行分析，持续对短视频内容进行优化改进。短视频发布后可能不会马上就火起来，有时需要经过两三周才能被引爆，在此期间要不断策划新的内容，保证账号的更新频率，同时做好数据分析、粉丝维护等基本运营工作。

1.3　如何做好短视频内容运营

运营是个技术活，有了好内容的加持，会让运营工作变得轻松很多。在新媒体时代，质量平平的短视频一般很难获得平台推荐，自然也难以抓住目标人群的注意力，所以，做好短视频的内容运营是关键。

1.3.1　从产品角度做内容运营

在做短视频内容运营时，可以用作产品的思路来做运营，从产品的角度来做内容运营，需要明确以下几个问题：

① 目标人群是谁？

② 目标受众有哪些需求，或者有哪些喜好？

③ 竞争对手是谁？与他们相比我们有哪些优势？

短视频是给目标人群看的，如果不清楚内容的目标受众，只会做很多无用功，因此，要先定位目标人群。这里要引入用户画像这一概念，用户画像是勾画目标用户的一种工具，用以描述主要受众和目标群体的特征。

在短视频内容运营初期，可以结合短视频平台用户画像认识和了解目标受众。比如短视频内容的主要发布平台是抖音，那么就结合抖音用户画像来了解短视频面对的目标人群。

实例演示

短视频目标人群分析

图1-12为《2020年抖音用户画像报告》中关于抖音用户属性的部分内容。

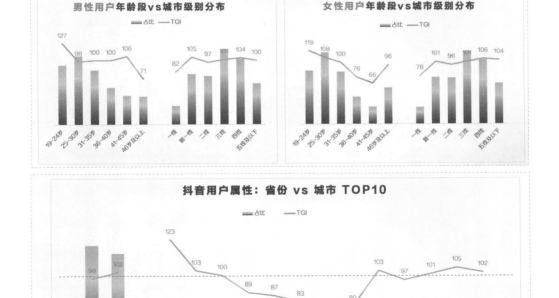

图1-12

从图 1-12 中的数据可以看出，抖音中男女用户比例比较均衡，主要集中于 19 ~ 30 岁之间，新一线、三线及以下城市用户偏好度高。男性中，19 ~ 24 岁、41 ~ 45 岁用户偏好度高；女性中，19 ~ 30 岁用户偏好度高。

了解用户人群是谁后，应进一步对用户需求或喜好进行分析，图 1-13 为《2020 年抖音用户画像报告》中关于用户兴趣偏好的部分内容。

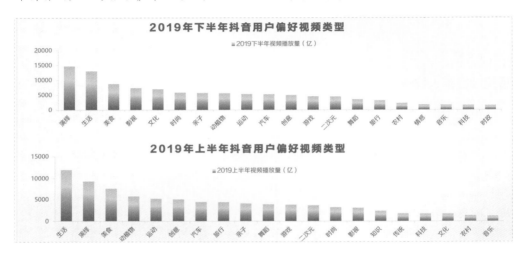

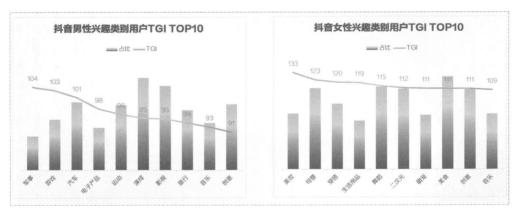

图 1-13

通过图 1-13 所示的数据可以看出，2019 年抖音用户偏好的视频类型主要有演绎、生活、美食等。女性更偏好美妆、母婴和穿搭，男性更偏好军事、游戏和汽车。

如果短视频内容针对的是某一行业，那么结合行业报告来进行目标人群分析会更精准。同样以抖音为例，假设短视频内容深耕母婴行业，下面结合《2021 抖音母婴行业年度盘点报告》分析母婴人群画像，如图 1-14 所示。

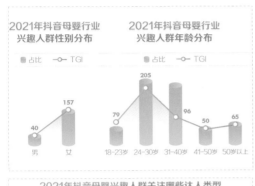
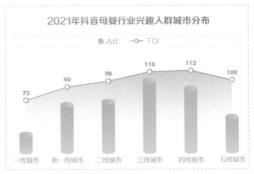

图 1-14

从图 1-14 中可以看到，抖音母婴人群主要为女性，集中于 24 ～ 30 岁，新一代母婴人群对装修家装、婚姻、美妆等比较感兴趣。

TIPS 什么是TGI指数

　　TGI（Target Group Index）指数是反映目标群体在特定研究范围（如人口统计领域、地理区域、媒体受众、产品消费者）内的强势或弱势的指数。TGI 指数若超过 100，则表明该类人群更具备相关倾向或偏好，该值越高偏好度越强。

　　想了解竞争对手的情况可直接通过短视频分类排行榜单确定竞争对手是谁，再分析竞争对手发布的短视频内容，看其内容的播放、点赞和转发等数据，分析了解竞争对手短视频内容的展现形式、内容的受欢迎程度以及在短视频平台的表现情况。然后在与自己的短视频进行对比，看竞争对手存在哪些优势，有哪些地方值得借鉴。

1.3.2 强化内容和账号定位

内容和账号定位是有关联的，可以说账号定位决定了短视频内容的主要方向，另外，账号定位也会影响短视频后期的获利路径。一般建议在做短视频前，先考虑好账号的定位，这样便于打造人设标签，对内容进行有规划的设计。

在短视频平台，很多视频达人都会在名称或个人简介中描述账号的定位，一方面让账号精准吸引目标人群；另一方面，强化记忆点，使账号令人印象深刻，如有的视频达人会将自己定位为名侦探、行业专家、搞笑博主等。图 1-15 所示为某抖音视频达人的账号简介，从简介中可以看出其账号定位。

图 1-15

在部分平台发布短视频时，会让创作者选择投放的领域，如果短视频没有明确的定位，在发布短视频时就不清楚应该投放在哪个领域，或应该为短视频添加哪些话题、标签。图 1-16 所示为在发布短视频时选择分区和标签。

图 1-16

短视频账号定位也要有一定的差异化，可以根据短视频平台的内容分类来考虑领域，如健康、时尚、情感、汽车、娱乐、萌宠、摄影等，然后再确定自己适合的具体方面，从而明确账号定位，如摄影＋教学或汽车＋剧情等。

1.3.3 短视频开头和结尾的设计

短视频具有时长短、内容精炼的特点，视频中的每一秒画面都是很重要的，其中，开头和结尾更是观众关注的重点。考虑到时长的限制和流量的宝贵性，短视频的开头一定要在第一时间就抓住观众的注意力，这样才能留住用户，才会有后期的关注、点赞等，结尾则可以用于引导互动，实现粉丝转化等。

短视频的开头和结尾有多种表现形式，具体要结合内容来设计，这里介绍五种短视频开头类型，供创作者参考借鉴。

◆ **直奔主题型**：如果短视频的时长很短，如在30秒以内，就可以不设计铺垫式的开头，而是直接展示视频中的亮点，让视频直接进入高潮部分，大多时长在5分钟以下的短视频都可采用这种开头方式。

◆ **引发思考型**：在短视频的开头可以提出问题，从而引发观众的好奇心。好奇心可以驱动观众继续观看视频内容，知识类、技巧类、分享类短视频都可以采用这种开头手法，常用的开头句式有为什么……如何……等，如图1-17所示。

图1-17

◆ **制造悬念型**：是指在短视频的开头设计悬念，从而快速抓住观众的注意力，剧情类、搞笑类、萌宠类、游戏类短视频都可以从采用这种开头方式，常用的悬念手法有制造矛盾、冲突、反差和伏笔等。

◆ **自我介绍型：**对于真人出镜的短视频而言，可以采用自我介绍型开头，即在视频的开头简单说明自己是谁，如大家好，我是×××；欢迎来到×××。这种开头方式可以让新用户对我们有简单的认知，同时，也利于加深粉丝印象，塑造个人形象，如图1-18所示。

图 1-18

◆ **强调价值型：**是指在开头强调视频所带来的价值，知识技巧类、健身舞蹈类、美食类短视频可以采用这种开头方式，在开头部分就告诉观众观看这条视频能给他带来哪些帮助，如学会这个技能，可以提高工作效率。

短视频的结尾也有多种表现形式。一般来说，如果视频的开头制造了悬念，那么结尾通常要与开头相呼应，即在结尾公布答案。对于系列短视频而言，结尾则可以与开头一样制造悬念，以引导观众继续收看下一期内容，很多短剧类短视频都会让剧情在故事反转或者高潮部分结束，通过在结尾设置悬念而吸引更多用户的关注。

对于知识技巧类、美食类、健身教学类、旅游攻略类等短视频而言，则可以在结尾对视频的内容进行总结提炼，起到汇总的作用，这样还可以加深观众对视频的整体印象。

为有效引导互动，在短视频结尾部分可以主动请求关注，或者采用疑问句、设问句、反问句的形式让观众主动进行点赞、评论，如在结尾时用文字提示"喜欢就点个赞吧"或提问"你们想看什么，欢迎在评论区告诉我"。

第 2 章

专业拍摄提升
视频视觉效果

　　明确了短视频的内容主题，写好短视频脚本后，接下来就可以着手进行视频拍摄了。同样的内容采用不同的拍摄手法，其呈现的效果可能完全不同，专业的拍摄能够有效提升视频的质量，使视频最终呈现的效果更加精彩，更有吸引力。

短视频拍摄前期准备

准备视频拍摄所需设备
熟悉设备的拍摄功能

掌握短视频拍摄手法

视觉感在于稳定不抖动
七种运镜技巧要掌握
短视频拍摄的景别运用

2.1　短视频拍摄前期准备

在正式进行短视频拍摄前，还需要做好相应的准备工作，这样才能保证视频拍摄顺畅，不会因为准备不充分而影响视频拍摄进度。

2.1.1　准备视频拍摄所需设备

没有设备是无法完成视频拍摄的，拍摄短视频需要使用拍摄类设备和辅助类设备。根据视频要呈现的效果的不同，需要准备的设备也会不同。

（1）拍摄类设备

对大多数新手短视频创作者来说，在初期创作视频时可以选择手机作为拍摄设备，等有了一定的拍摄经验，或者对视频的呈现有更高要求时，再考虑使用更专业的设备进行拍摄。

为了保证视频的清晰度，最好选择像素较高的手机，同时，在拍摄时将手机分辨率设置为最高，如果手机支持 4K，可以将分辨率设置为 4K。有的手机支持设置视频帧率，帧率会对视频的流畅度产生影响，帧率越高视频播放就越流畅。如果要想视频呈现的画面更加流畅，那么可选择将帧率设置为 60 帧，不过视频所占用的存储空间也会更大。但并不是所有的视频拍摄都需要设置为高帧率，只需保证帧率能够满足内容需求即可。

手机拍摄的优点在于携带方便，可以随时随地进行视频拍摄。但是，对于一些高质量的视频而言，手机拍摄可能无法满足需求，这时可以选择单反或微单作为拍摄设备。单反和微单可以根据不同的拍摄场景来更换镜头，具有画质好、背景虚化强、色彩还原度高等优点，因此价格也相对较高，可根据自身预算来合理选择。如果拍摄的运动镜头较多，那么可选择运动相机，运动相机一般拥有超强的防抖功能，为了便于在奔跑、骑行等运动场景中进行拍摄，运动相机设计得小巧便携，能够防水、防尘、防摔。

一些航拍类视频则需要借助无人机来拍摄，无人机能以高空俯视视角展现独特的风景，很多旅游类、风景类短视频都会使用无人机来拍摄需要的素材。更为高级专业的短视频拍摄，则可能需要使用专业的数码摄像机，创作者可根据自身预算和需求选择适合自己的设备。

（2）辅助类设备

辅助类设备主要有三大类，包括稳定设备、灯光设备和收音设备，其主要作用在于提升视频质量。

◆　稳定设备

视频拍摄对画面的稳定性要求较高，如果没有稳定设备辅助，手持拍摄很容易因为手肘晃动导致拍摄的视频是模糊的。常用的稳定设备有三脚架、稳定器、滑轨、摇臂和吸盘等。

三脚架：是比较常用的稳拍器材，使用三脚架把拍摄设备固定好，就可以长时间和保持拍摄画面平稳。三脚架一般用于拍摄固定场景画面，无法在移动中进行拍摄。三脚架有折叠式和非折叠式，主要根据使用场景来选择，如果拍摄场景多为固定的室内镜头，一般使用桌面三脚架、八爪鱼三脚架和普通的落地三脚架即可。如果是在室外或者其他地势不平稳的地方拍摄需要调节角度的视频，那么就要选择稳定性更强的、带云台的三脚架，且应选择适合视频拍摄的云台，如液压云台、摄影摄像两用云台。

稳定器：是在使用手机、相机拍摄视频时，增强拍摄稳定性的一种设备。稳定器要根据手机或相机的重量来选择，不同的稳定器承重会有所不同，其外观有折叠的、直握的，可根据需要选择。

滑轨：在视频拍摄的过程中，很多场景都会运用移镜头，滑轨就是能保证移动拍摄稳定性的辅助工具。实际拍摄过程中，滑轨的高度，移动的速度，镜头景别的选取以及拍摄角度都会影响最终的视频效果。市面上的滑轨有手动的、电动的，体积有大有小，长度也不等，如长度有 60 cm、80 cm、150 cm等。

摇臂：可以方便摄影师进行摇移镜头的拍摄，借助摇臂可以拍摄宏伟、大气而稳定的视频画面。摇臂能拍的高低差范围取决于摇臂的臂长，其尺寸有大有小，但是相比稳定器和滑轨，其体积还是要大很多。摇臂有大型摇臂、车载摇臂、小型摇臂等类型，一般的短视频拍摄，小型摇臂就可满足需求。

吸盘：如果视频要在行驶的汽车上进行拍摄，那么准备一个稳定的吸盘是很有必要的。拍摄视频时，可以将吸盘吸附在汽车的顶部、侧面玻璃窗等适合拍摄的位置，然后安装上运动相机或手机，这样就可以轻松实现行车视频的拍摄。选择吸盘时要考虑吸盘吸力的大小、承重以及适用的型号。

◆ 灯光设备

灯光设备是视频拍摄不可缺少的辅助设备，因为灯光会对画面质量产生重要影响，特别是在夜晚进行视频拍摄时，更需要借助灯光来突出被拍物体。市面上的摄影灯光设备有很多，有大型的柔光箱，也有小型的 LED 补光灯，具体可根据预算来合理选择。

◆ 收音设备

视频是以图像＋声音的形式呈现的，为了让录制的声音听起来清晰，效果更好，需要使用收音设备来收音。摄影器材虽然本身也带有麦克风，但在拍摄视频时，也会将一些杂音也录制进去，从而影响声音效果。收音设备的类型多种多样，有指向性麦克风、无线麦克风（小蜜蜂）、便携式数字录音机、录音小话筒等。具体根据应用场景来选择，如室内拍摄剧情类短视频，为了便于隐藏，通常会选择无线麦克风；户外拍摄多人采访短视频，则会选择指向性麦克风。

以上是视频拍摄常用的设备，除此之外，还可能会用到提词器、挑杆、幕布、反光板等辅助设备，由于日常视频拍摄使用得相对较少，因此不再过多介绍。

2.1.2 熟悉设备的拍摄功能

不管是使用何种设备拍摄短视频，在正式拍摄前，都要先熟悉设备的拍摄功能，彻底掌握设备的拍摄功能后，再进行视频拍摄，能够让视频拍摄更加得心应手。以手机为例，打开手机相机后，可以看到手机提供的各种拍摄功能。

用相机拍摄短视频，常常需要根据拍摄场景和内容来更换镜头，设置不同的参数，所以，摄影师应熟悉相机拍摄视频的基本设置以及各功能按键的作用，如图 2-1 所示为某款相机正面的功能按键。

图 2-1

图 2-1 中的模式转盘用于选择拍摄的模式，半按快门按钮表示对焦，全按表示拍摄。曝光补偿转环用于调整视频曝光，变焦杆用于调整焦段，扬声器具有播放视频声音的作用。不同的相机，其功能按键可能会有差异，摄影师可以根据相机配备的说明书了解功能按键的作用并使用。

如果是使用手机拍摄 App 进行视频拍摄，则要了解该 App 提供的相关功能并熟练掌握。剪映 App 也提供了视频拍摄功能，下面来看看如何使用剪映 App 拍摄短视频。

实例演示
用剪映拍摄短视频

步骤01 在手机中点击"剪映"图标，打开剪映App，点击"拍摄"按钮，进入视频拍摄界面，如图2-2所示。

步骤02 在视频拍摄界面可以看到多个功能按钮，可根据需要使用不同的功能，这里点击"拍摄"按钮开始拍摄视频，如图2-3所示。

图 2-2

图 2-3

步骤03 开始拍摄视频，此时界面上方会显示录制时长，点击"结束"按钮结束视频的录制，如图2-4所示。

步骤04 点击视频录制页面的预览按钮，可以查看已录制好的视频，如图2-5所示。

图2-4

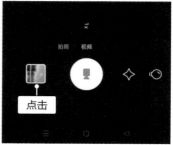

图2-5

为了帮助摄影者更好完成视频拍摄，剪映还提供了一些辅助拍摄功能，这些功能的作用如下：

◆ 点击"⊙"可设置视频拍摄的尺寸比例、分辨率、闪光灯和倒计时。

◆ 点击"回"可切换前置摄像头和后置摄影头。

◆ 点击"⊙"可打开美颜设置功能，包括磨皮、瘦脸、大眼和瘦鼻。

◆ 点击"品"进入预览模板页面，可查看剪映提供的视频模板，有旅行、美食、变装、vlog等多种类型，点击"拍同款"按钮可拍摄同款视频。

◆ 点击"◇"打开剪映提供的效果功能，有人像虚化、放大镜、透亮等效果。

◆ 点击"◯"打开灵感库，灵感库中提供了不同场景的镜头参考，可以一边查看左上角的小窗视频，一边进行视频拍摄，拍摄时还可以随意拖动小窗。

2.2 掌握短视频拍摄手法

短视频是动态画面，其拍摄也讲究方法和技巧，同样的画面，使用不同的拍摄手法其呈现的效果可能完全不同。为了保证视频效果能够表达创作者的意图，在拍摄时需要灵活运用景别、角度位置和拍摄技法。

2.2.1　视觉感在于稳定不抖动

拍摄短视频首先要解决"抖动"这一问题，画面抖动会严重影响画质以及观众的观感，为确保得到稳定的画面，一般需要借助前面提到的稳定器、三脚架来进行视频拍摄。在实际拍摄视频时，这些辅助设备可能不会随时携带，如果没有以上辅助设备，手持拍摄时可以运用以下方法来避免画面晃动。

用大拇指和食指握持拍摄设备，尽量让手肘贴紧腰部，避免手臂悬空。如果旁边有支撑点，可以将手肘靠在支撑点上，如栏杆、桌面等。若需要移动拍摄，则平缓地向前或向后移动，速度不可过快，不要大步行走，可使用小碎步进行移动，保持呼吸的节奏。手持拍摄尽量选择比较平整结实的地面，如果地面崎岖、凹凸不平，很容易导致手肘晃动。

如果是在固定场景拍摄视频，不需要移动拍摄，还可以利用矿泉水瓶、背包等来作为三脚架的替代品，如将拍摄设备倚靠在矿泉水瓶上，按下录制按钮后保持拍摄设备不动，期间不要晃动矿泉水瓶，直到视频拍摄结束。

使用手机拍摄，可能会因为中途点按录制按钮而导致拍摄设备晃动，这时可以将耳机与手机连接，把耳机作为遥控设备，通过耳机播放按钮来控制手机拍摄，这样就能有效避免抖动。

借助辅助设备拍摄视频也有需要注意的要点，以三脚架为例，使用三脚架拍摄视频时要注意以下几点：

- ◆　拍摄时先找好拍摄位置、确定好构图后再安装三脚架。
- ◆　保证三脚架平稳放置后再安装拍摄设备。
- ◆　调整三脚架的高度后，注意把三个脚和中轴支架锁紧。
- ◆　拍摄时尽量不要让身体接触三脚架，否则可能使三脚架晃动。

2.2.2　七种运镜技巧要掌握

一个短视频作品，通常是由多个镜头组合而成的，要想拍出好的视频，必须掌握基本的运镜手法，下面介绍七种常用的运镜技巧。

（1）推镜头

推镜头是指让拍摄设备由远到近，逐渐靠近被拍摄对象，画面的外框会逐渐缩小，而画面内的景物会被逐渐放大。推镜头可以突出被拍摄主体，营造视觉冲击感。在推镜头中常常可以看到这样的画面：首先看到人、物所处的整体环境，随着镜头向前推进，人、物会越来越大，最后成为画面中的主体形象。

如果要在视频中，突出主体人物、环境中的某个细节、交代客观环境与主体人物的关系，那么就可以运用推镜头。镜头推进的速度和节奏的不同，会给观众带来不同的情绪，推进的速度缓慢，可以表现宁静、神秘、平和的氛围；推进的速度急剧而短促，可以表现紧张、不安的氛围，如图2-6所示为推镜头运镜示意图。

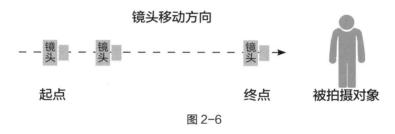

图2-6

（2）拉镜头

拉镜头与推镜头呈反方向运动，镜头从近到远，逐渐远离被拍摄对象。拉镜头呈现的视觉效果与推镜头也是相反的，画面会从局部逐渐扩展，让观众慢慢看到被拍摄主体所处的环境。在拉镜头中常常可以看到这样的画面：起初是被拍摄主体的局部特写或近景镜头，随着镜头逐渐远离被摄主体，画面的景别被不断扩大，最后展现被拍摄主体与所处环境之间的关系。

拉镜头的取景范围是由小到大不断扩展的，很多短视频会用拉镜头来表示一个段落的结束，如图2-7所示为拉镜头运镜示意图。

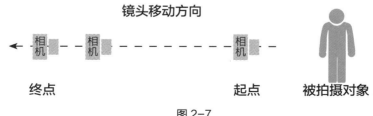

图2-7

（3）摇镜头

摇镜头拍摄时，摄影机位不会像推镜头和拉镜头一样向前、向后移动，而是固定在原地，借助底盘使镜头做上下、左右的旋转拍摄。这种拍摄手法需要借助辅助设备三脚架、旋转云台或摇臂来进行视频拍摄。摇镜头可以用于介绍环境、表现人物的整体形象、交代环境的开阔或者体现剧中人物的主观视线，比如视频画面的上一秒是人物的面部，下一秒接摇镜头，用摇镜头展现剧中人物看到的景物，以体现人物视角。图 2-8 为摇镜头运镜示意图。

图 2-8

（4）移镜头

移镜头是指让摄影设备在水平方向左右横移进行拍摄，如果被拍摄对象是静态的，那么镜头移动时画面中景物会依次划过；如果被拍摄对象是动态的，镜头会伴随被拍摄对象同等速度移动，呈现边走边看的视觉效果。这样的拍摄手法可以让人产生身临其境的感觉。图 2-9 为移镜头运镜示意图。

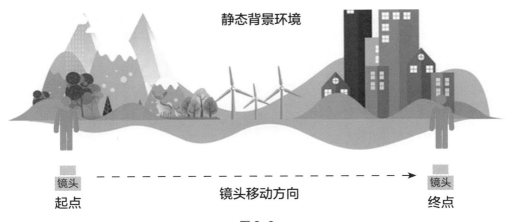

图 2-9

（5）跟镜头

跟镜头指跟随被拍摄对象进行拍摄，其与移镜头的区别在于，跟镜头强调的是"跟"，被拍摄主体在画面中的位置是相对稳定的，镜头会跟随主体的运动而运动，且趋势一致。跟镜头能够连续地表现被拍摄对象在行动中的动作和表情，突出运动中的主体，具体可分为跟摇、跟移、跟推。图 2-10 为跟镜头运镜示意图。

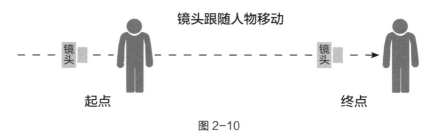

图 2-10

（6）升降镜头

升降镜头是指镜头上下移动拍摄，这种拍摄手法常用于表现高大物体的各个局部，如建筑、山峰等。运用升降镜头时要注意升降幅度、镜头速度和节奏，根据升降的方向，可以分为垂直升降、弧形升降、斜向升降和不规则升降。图 2-11 为升降镜头运镜示意图。

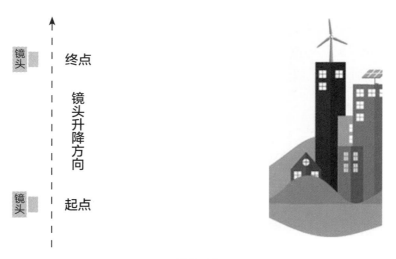

图 2-11

（7）环绕镜头

环绕镜头是以被拍摄对象为中心环绕点，机位围绕主体进行环绕运镜拍摄。环绕拍摄能够全方位地展示主体，让画面显得更有张力，按照环绕的方式可分为圆形环绕、椭圆环绕、半环绕等，环绕拍摄一定要保证环绕移动时的稳定性，拍摄时一般会借助稳定器等设备。图2-12为环绕镜头运镜示意图。

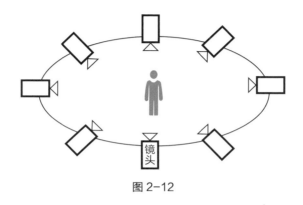

图 2-12

2.2.3 短视频拍摄的景别运用

景别是指镜头画面中所呈现内容的范围大小，根据镜头与拍摄主体距离的远近，景别一般可分为五种，分别是远景、全景、中景、近景和特写。

（1）远景

远景通常用于展现被拍摄对象及其周围的环境，该景别视野宽阔，由于镜头与被拍摄对象距离较远，因此人物只占很小的画幅，或者没有人物，背景会占主要地位。远景常用于表现气势恢宏的大场面，如高山峡谷、城市景观，常见的航拍镜头为典型的远景。如果要在短视频中展现自然风景、大场面，或者展示故事发生的环境、时间等，就可以使用远景。

（2）全景

全景能够展示人物的全貌以及周围的部分环境，取景范围要比远景小，能够让观众看清楚人物的体型、衣着打扮等。全景可用于表现人与人、人与环境之间的关系，画面中会有一个比较明确的视觉中心。舞蹈健身类、剧情类短视频常常采用全景拍摄，这种景别相比远景更能表现人物的行为动作、表情以及着装，同时还能展现人物的内心活动。图2-13所示为全景镜头。

图2-13

（3）中景

中景的取景范围为人物膝盖以上到头部左右或场景局部的画面。中景镜头中的主体相比全景面积会更大，能够看到更多主体细节。中景取景可以根据内容需要来灵活调整构图，取景时不一定非要卡在人物腿关节部位，也可以稍微上移，这一景别可以很好地展现人物的一些细节动作，体现人物的身份，因此，如果短视频中要展现人物对话、情绪，就可以采用中景景别。

（4）近景

近景比中景更靠近被拍摄对象，会拍摄人物胸部以上的画面。这一景别可以很好地表现人物的面部表情，人像摄影中的半身照采用的就是近景景别。近景对于人物性格的刻画比较突出，观众可以比较清楚地看到人物面部的一些细微表情，能给人面对面对视的感觉。由于镜头离被拍摄主体较近，所以也能拉近与观众的距离。

（5）特写

特写主要针对人物的面部容貌，景物的局部进行拍摄。该景别的视角最小，视距也最近，能够很好地刻画细节，常用于展现被拍摄对象的色彩、材质和纹理等。不管是拍摄人物还是景物，特写镜头都具有突出、强调的作用，能给观众留下强烈的印象。

产品类短视频常常会运用特写镜头来展现产品的外观细节，以让观众能近距离观察产品，在特写镜头中，环境完全处于次要地位，人们的视觉会集中在被拍摄主体。如果将人物作为被拍摄主体，远景、全景、中景、近景和特写的取景范围如图 2-14 所示。

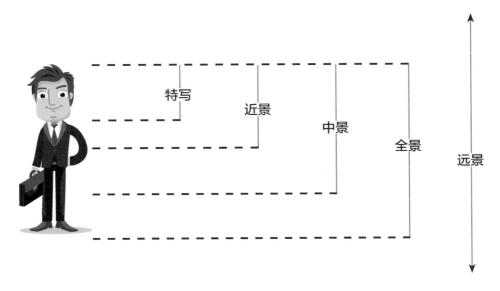

图 2-14

2.2.4 如何用手机拍高质量视频

在短视频内容创作中，很多创作者还是以手机为主要拍摄设备，要想利用手机拍摄高质量的短视频，还需要注意以下几点：

（1）保持镜头干净

在拍摄视频前要先检查手机镜头，看手机镜头上是否有污渍，污渍会严重影响视频的质量，导致拍摄的视频看起来是模糊的。可以在录制视频前先拍摄一张照片，看照片中是否有污点、手印痕迹等影响成像质量。手机镜头的清洁比较简单，只需用干净的擦镜纸或清洁布去除污渍。

（2）参数设置

在拍摄前要先设置好参数，包括分辨率、帧率、曝光和对焦等，一般的视频拍摄可将分辨率设置为 1 080 p，帧率设置为 60 fps，如果手机支持防抖、自动追焦功能，则打开防抖和自动追焦功能。拍摄时先调整好对焦和曝光，然后锁定以保证视频拍摄时焦点清晰、曝光稳定。下面来看看如何对焦点与曝光进行设置。

实例演示

手机拍视频的对焦和曝光设置

步骤01 打开手机相机，切换至视频拍摄模式，点击屏幕即可实现对焦，点击不同的位置可调整焦点，如图2-15所示。

步骤02 按住屏幕右边的小太阳上下滑动，可调整画面的曝光，如图2-16所示。

图 2-15   图 2-16

步骤03 调整好曝光后，点击"锁定"按钮锁定曝光（长按屏幕也可同时锁定对焦和曝光），如图2-17所示。

步骤04 点击拍摄界面的焦距切换按钮可直接切换焦距，另外，用手指在手机屏幕上缩放滑动也可以调整焦距，如图2-18所示。

图 2-17   图 2-18

（3）选择合适的环境

由于手机的感光元件很小，所以在光线条件不好的情况下，其对画质的控制能力会较差，因此，要想使用手机拍摄高质量视频，应在光线充足的环境下进行，比如在光线充足的白天进行视频拍摄，其成像质量通常会高于在夜晚进行拍摄。另外，手机变焦也会对画质产生影响，如果变焦数值太大往往会导致涂抹感变强，使画面变得模糊，特别是在光线条件较差的情况下，变焦会严重降低画质。所以，为了避免变焦减损画质，应合理使用变焦功能。

2.2.5 用光线提高视频质感

摄影是用光的艺术，拍摄视频时，如果光线运用得当会大大提高画面质感。在摄影中，按照光源位置与拍摄方向所形成角度，将光线分为顺光、逆光、侧光等几类：

顺光，又称为正面光，光线照射的方向与拍摄的方向一致。顺光能使被拍摄主体受光均匀，没有明显的明暗反差，可以比较全面地展现物体的外貌特征、色彩等，缺点是不利于表现物体的质感、立体感。

逆光，又称为背面光，光线照射的方向与拍摄方向相反。逆光能够勾画出物体的轮廓，因此，也被称为轮廓光。逆光可以增强画面的艺术氛围以及物体的质感，常见的剪影效果照片就是逆光拍摄，逆光又可分为正逆光和侧逆光两种。

侧光，光线照射的方向与拍摄方向成 45° 左右时，为 45° 前侧光；光线照射的方向与拍摄方向成 90° 左右时，为 90° 侧光。45° 侧光符合人们日常的视觉习惯，能够形成影调对比，使画面富有层次感。90° 侧光可以很好地表现物体的立体感和质感，物体的纹理也会比较清晰。侧光兼具顺光和逆光的特点，在使用该光线角度时要注意光面与阴影的比例关系。图 2-19 为顺光、逆光和侧光示意图。

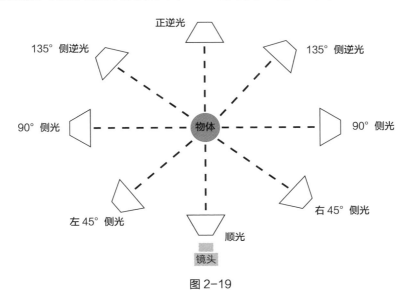

图 2-19

除以上几种光线角度外，还有顶光和脚光。顶光是指来自被拍摄物体顶部的光线，脚光是指来自被拍摄物体下方的光线。顶光可以营造危险、神秘的画面效果，常常作为辅助光源使用，单独使用时容易导致物体缺乏中间层次，自然界中正午的阳光就是典型的顶光。脚光可以呈现深黑色背景，常常用来刻画特殊情绪，营造阴森、恐怖氛围。

可以看到，不同的光线能带来不同的效果，实际进行视频拍摄时要根据现场环境来合理控制光源和布置灯光。以室内拍摄视频为例，下面介绍几种常见的布光方式：

- **两灯布光**：即使用两盏灯进行布光，一盏为主灯，另一盏为辅助灯。相比单灯布光，这种布光手法能帮助摄影师更好地控制光线，让画面更具层次感。

- **三灯布光**：使用一盏主灯，两盏辅助灯进行布光，这种布光手法可以让被拍摄物体层次丰富，立体感更强。

- **四灯布光**：使用一盏主灯，两盏辅助灯，一盏其他光效进行布光，比如环境光、轮廓光等，四灯布光能有更多变化，可根据内容需要来营造不同的艺术气氛。

摄影布光具有很强的灵活性，拍摄时可能需要反复调整布光才能得到理想的效果。图 2-20 为两灯布光、三灯布光和四灯布光示意图。

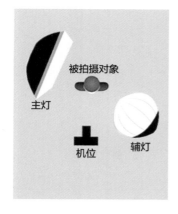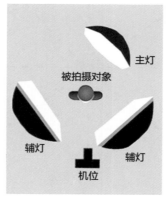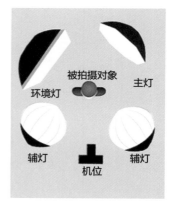

图 2-20

第 **3** 章

认识剪映并掌握
基本使用方法

后期剪辑是短视频创作的重要一环，市场上的视频剪辑软件有很多种，但并不是所有的软件都适合短视频创作者。剪映是一款"轻而易剪"的视频剪辑软件，具有上手容易、基本功能齐全、工具实用等优势，完全可以满足短视频创作者剪辑、调色、添加字幕等需求。

剪映：轻而易剪的剪辑工具

剪映能为创作者提供什么帮助
用剪映快速发布一条视频

快速认识剪映软件

移动端剪映界面和功能
网页版剪映界面和功能
专业版剪映界面和功能

3.1 剪映，轻而易剪的剪辑工具

剪映是很多短视频创作者常用的一款剪辑软件，其操作简单、使用流畅，即使是没有视频剪辑经验的用户也能轻松上手，下面就一起来认识剪映。

3.1.1 剪映能为创作者提供什么帮助

剪映的功能十分强大，它不仅仅是一款剪辑软件，还能帮助视频达人高效创作视频，总的来看，剪映能为创作者提供以下帮助：

（1）快速剪辑视频

视频剪辑是剪映的核心功能，其提供了分割、变速、音频、字幕等剪辑功能，能够满足用户基本的视频剪辑需求。除基础功能外，剪映还提供了特效、画中画、蒙版、抖音玩法、智能抠像等功能，能帮助创作者快速剪辑出高质量的视频。从剪映的剪辑流程来看，该工具实用、简单、易上手，能够帮助创作者降低视频剪辑所消耗的时间，提高视频剪辑的效率。

（2）提高找素材的效率

搜索素材对大多数视频创作者来说是非常耗时的一项工作，为了帮助创作者高效剪辑视频，剪映为创作者提供了很多素材，创作者可以直接将这些素材添加到作品中，这能帮助创作者解决找素材难的问题，如图 3-1 所示为剪映素材库。

图 3-1

（3）轻松参与创作

很多零基础视频爱好者也有视频创作和分享的需求，对他们来说，视频拍摄和后期剪辑都存在一定的门槛。剪映定位轻而易剪的视频剪辑软件，其入门门槛较低，同时，针对零基础视频创作者，剪映还提供了创作脚本、剪同款、一键成片、图文成片等简单功能，解决了零基础创作者普遍存在的前期策划难、不懂如何拍摄创意视频、后期剪辑上手慢等问题。图 3-2 所示为剪映 App 剪同款和图文成片功能。

图 3-2

可以说剪映为视频创作者提供了从内容策划、视频拍摄到后期剪辑整个创作流程的解决方案，能够帮助初学者快速创作出结构清晰、内容优质的视频。

3.1.2　用剪映快速发布一条视频

使用剪映剪辑制作的视频可以快速分享到抖音以及西瓜视频，下面就以剪映 App 为例，来看看如何使用剪映的一键成片功能快速剪辑视频并分享至抖音。

实例演示

使用一键成片功能剪辑视频并分享至抖音

步骤01 打开剪映App，在首页点击"一键成片"按钮，如图3-3所示。

步骤02 在打开的页面中选择照片或视频，这里选择视频，完成选择后点击"下一步"按钮，如图3-4所示。

图 3-3

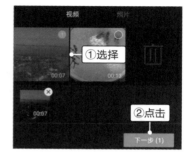

图 3-4

步骤03 系统会智能识别素材并应用模板，点击其他模板可以替换当前模板，如图3-5所示。

步骤04 点击"点击编辑"超链接可进入视频编辑页面，如图3-6所示。

图 3-5

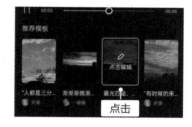

图 3-6

步骤05 在打开的页面中点击"点击编辑"超链接可弹出视频编辑下拉列表，根据需要替换视频、裁剪视频、调整片段原声音量等，如图3-7所示。

步骤06 完成视频编辑操作后，点击"导出"按钮导出视频，如图3-8所示。

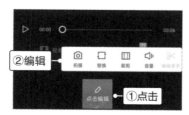

图 3-7

图 3-8

步骤07 程序会自动导出视频，在导出设置页面点击"▶"按钮设置视频分辨率，这里保持默认的"1 080"分辨率，点击"无水印保存并分享"按钮，如图3-9所示。

步骤08 程序会自动跳转至抖音，进入抖音后点击"下一步"按钮，如图3-10所示。

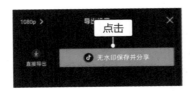

图 3-9

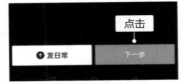

图 3-10

步骤09 进入视频发布页面，输入视频名称，选择视频封面，如图3-11所示。

步骤10 完成视频发布设置后，点击"发布"按钮发布视频，如图3-12所示。

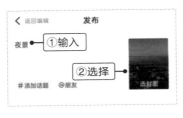

图 3-11

图 3-12

3.2 快速认识剪映软件

针对不同剪辑需求的创作者，剪映提供了专业版、移动端和网页版，支持手机、平板电脑、台式电脑三端草稿互通，创作者可以根据需要选择不同的版本。

3.2.1 移动端剪映界面和功能

通过前面的内容已经对剪映移动端有了初步认识，接下来重点了解剪映移动端的剪辑界面和功能。

打开剪映 App 后，点击"开始创作"按钮，选择需要剪辑的视频或图片，点击"添加"按钮即可进入剪辑页面。进入剪辑页面后，可以看到预览区域、时间线区域以及工具栏区域，如图 3-13 所示为剪映主界面、导入视频页面和剪辑页面。

 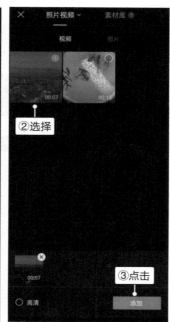 

图 3-13

（1）预览区域

在预览区域可以看到当前视频所处的时间点位置以及总时长，点击"▷"按钮可播放视频，点击"⧉"按钮可全屏预览视频。在剪辑过程中，如果出现误操作，可点击"↶"按钮撤销操作，点击"↷"按钮可恢复操作，如图 3-14 所示。

图 3-14

（2）时间线区域

时间线区域中可以看到一条白色的竖线，该线条为时间轴线，在时间线区域左右滑动可进行视频预览。双指在时间线区域来回缩放，可调节素材的大小，调节后时间线上方的时间刻度也会变化。当轨道上有多个素材时，为了便于编辑操作，可以将素材调小后进行剪辑。

时间线区域还可以看到音频轨道，如果要为视频添加文字、贴纸，则可在时间线上增加文本、贴纸轨道，点击轨道上的素材可对视频、音频、文字和贴纸进行编辑，如图 3-15 所示。

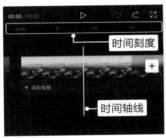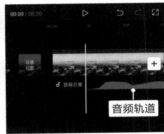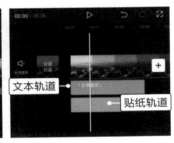

图 3-15

（3）工具栏区域

进入视频剪辑页面，首先看到的是一级工具栏，工具栏中包含了剪辑、音频、文字、贴纸、画中画等基础的剪辑操作按钮，点击视频轨道后，可进入二级剪辑工具栏，点击音频轨道、文本轨道、贴纸轨道会打开对应的二级工具栏，如图 3-16 所示。

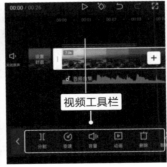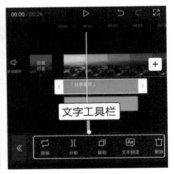

图 3-16

3.2.2　网页版剪映界面和功能

剪映网页版无须下载即可在线使用，其主要功能是云端管理资源、在线便捷审阅视频和图像文件、对存在的问题进行标记等，进入剪映网页版首页后，单击"上传作品，即刻分享"按钮进入网页版主界面，如图3-17所示。

图3-17

打开剪映网页版主界面后，可以看到视频上传区域和登录区域。单击"登录"按钮登录账号，单击上传超链接或者拖动文件到上传区域上传素材，上传文件后程序会自动进行资源转码，如图3-18所示。

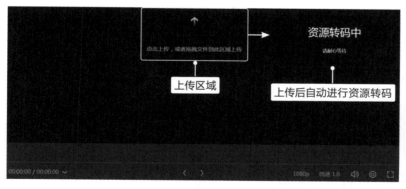

图3-18

在打开的页面中可以看到三个区域，预览区域、批注区域和查看批注区域，在预览区域可拖动白色滑块预览视频，并可对视频播放的倍速、清晰度、音量、循环播放进行设置。批注区域用于批注画面中存在的问题，可对视频进行逐帧批注、评论。所有的批注内容都会展示在批注查阅区域，单击批注后可查看批注详情和对应的视频画面，如图 3-19 所示。

图 3-19

批注好视频存在的问题后，还可以单击"分享"按钮，将反馈的内容发给团队成员查看，团队成员可对批注的内容进行回复。剪映网页版还为创作者提供云空间，云空间可用于存储文件、分享管理素材。图 3-20 所示为云空间界面。

图 3-20

3.2.3　专业版剪映界面和功能

　　剪映专业版是针对电脑端的视频剪辑软件，专业版需要下载安装后才能使用，下面来看看如何下载并安装剪映专业版。

实例演示
安装剪映专业版软件

◆ **步骤01**　进入剪映首页后，单击"立即下载"按钮下载软件，如图3-21所示。

◆ **步骤02**　在打开的"新建下载任务"对话框中选择安装包下载位置，单击"下载"按钮，如图3-22所示。

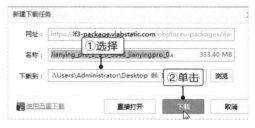

　　　　图 3-21　　　　　　　　　　　　　　　图 3-22

◆ **步骤03**　等待安装包下载，下载完后后双击安装程序，如图3-23所示。

◆ **步骤04**　单击"立即安装"按钮，程序会自动进行软件的安装，如图3-24所示。

　　　　图 3-23　　　　　　　　　　　　　　　图 3-24

　　完成安装后打开剪映专业版，此时会打开登录页面，在登录页面中可以单击"登录"按钮登录抖音账号，登录后可同步草稿。单击"开始创作"超链接进入剪映专业版剪辑界面，剪辑界面划分为了五个区域，工具栏、素材面板、播放预览面板、功能面板和时间线面板，如图 3-25 所示。

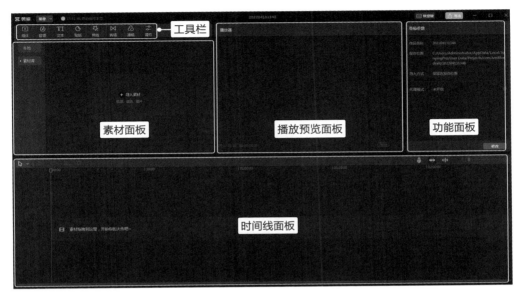

图 3-25

- ◆ **工具栏**：包含媒体、音频、文本、贴纸、特效、转场、滤镜和调节工具。
- ◆ **素材面板**：用于存放本地素材，同时可从中选用剪映提供的线上素材。
- ◆ **播放预览面板**：主要用来控制素材图像的播放和停止，进行合成内容的预览操作及相关设置。
- ◆ **功能面板**：未在时间线面板中选中任何素材时，该面板显示为"草稿参数"，在时间线面板中导入视频、文本或音频素材后，选择不同类型素材的时间轴，会打开对应的编辑功能区。
- ◆ **时间线面板**：用于对素材进行剪辑处理，可将素材面板中的素材导入时间线面板中进行处理，也可直接从本地电脑中导入素材。

从上图可以看出，剪映专业版的界面布局具有清晰明了、简洁直观的特点，简单易用的界面能让创作事半功倍。

3.3　用好剪映要掌握的几个功能

在使用剪映专业版进行视频剪辑的过程中，熟练掌握一些基本功能的使用技巧，将帮助我们大大提高视频剪辑处理的效率，下面就来具体看看如何使用剪映专业版的基础功能。

3.3.1 熟练使用快捷键

在电脑中使用剪映剪辑视频，要想节省时间，提高剪辑的效率，那么就要熟练快捷键的使用。相比完全依靠鼠标进行编辑操作，结合快捷键使用剪映会更加便捷高效。表 3-1 所列为剪映专业版快捷键。

表 3-1　剪映专业版快捷键

功能	快捷键	功能	快捷键
分割	Ctrl+B 键	手动踩点	Ctrl+J 键
批量分割	Shift+Ctrl+B 键	分离音频 / 还原音频	Shift+Ctrl+S 键
复制	Ctrl+C 键	吸附开关	N 键
剪切	Ctrl+X 键	预览轴开关	S 键
粘贴	Ctrl+V 键	鼠标选择模式	A 键
删除	Del 键	鼠标分割模式	B 键
撤销	Ctrl+Z 键	播放 / 暂停	空格键
恢复	Shift+Ctrl+Z 键	全屏 / 退出全屏	Ctrl+F 键
上一帧	方向键（◄）	取消播放器对齐	长按 Ctrl 键
下一帧	方向键（►）	新建草稿	Ctrl+N 键
轨道放大	Ctrl+ 加号（+）键	导入视频 / 图像	Ctrl+I 键
轨道缩小	Ctrl+ 减号（−）键	切换素材面板	Tab 键
时间线上下滚动	滚轮上下	导出	Ctrl+E 键
时间线左右滚动	Alt+ 滚轮上下	退出	Ctrl+Q 键

刚开始使用快捷键时，可能会因为对快捷键不熟悉而感受不到操作上的便捷，随着快捷键使用越来越熟练，其优势就会显现出来了。

3.3.2 掌握轨道和时间轴的使用方法

　　轨道和时间轴是视频剪辑的基础，所有的视频剪辑软件都有轨道和时间轴。剪映支持多轨剪辑，在时间线面板中可以根据剪辑需要添加视频轨道、音频轨道、文本轨道、贴纸轨道、特效轨道和滤镜轨道。在剪辑过程中要注意轨道的排列逻辑，轨道层级顺序会影响视频的最终视觉效果，下面来看看如何在时间轴中添加视频轨道和文本轨道。

实例演示

添加视频轨道和文本轨道

步骤01 在本地电脑中选择要剪辑的素材，长按鼠标左键拖动素材到素材库面板，然后释放鼠标，如图3-26所示。

步骤02 在素材库面板中选择已导入的视频素材，如图3-27所示。

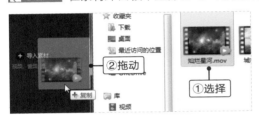

图 3-26

图 3-27

步骤03 长按鼠标左键拖动素材到时间线面板，可以看到时间线面板中有了一条视频轨道，如图3-28所示。

步骤04 单击"文本"选项卡，单击"文字模板"下拉按钮，在打开的素材库中选择文本素材，按照同样的方法拖动文本素材到视频轨上方，如图3-29所示。

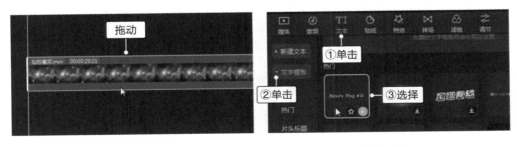

图 3-28

图 3-29

　　完成以上步骤后，时间线面板会有视频和文本两个轨道，使用同样的方法还可以添加其他轨道，不同类型的轨道，色彩有所不同。在时间线面板中，视频所在的轨道为主轨道，音频轨道、文本轨道、贴纸轨道、特效轨道和滤镜轨道为副轨道，轨道可以叠加多条，如图 3-30 所示。

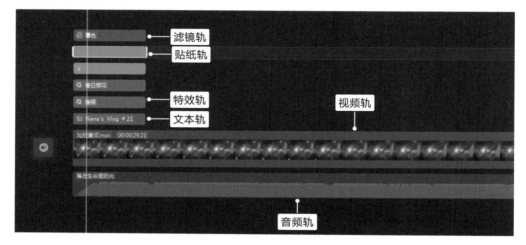

图 3-30

在时间线面板中可以看到一条白色线条，该线条为滑块，按住鼠标左键左右拖动滑块，可在播放器面板中快速预览视频效果。与移动端剪映一样，在轨道上方也有时间刻度。时间线面板上方有高频功能栏，集合了常用的高频操作功能，如分割、撤销、恢复等，如图 3-31 所示。

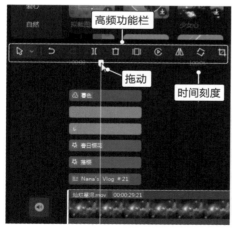

图 3-31

在剪辑软件中，轨道是存放素材的容器，一条轨道中可以有多个同类素材，时间轴用于控制素材的时间进度。在剪映中，拖动素材开头或结尾裁剪框，可调节素材的时长，这里以视频轴为例，选中视频轴后，按住鼠标左键拖动视频轴开头裁剪框，可调整视频素材时长。选中轨道中的素材后，按住鼠标左键左右拖动，可调整素材所在的时间刻度位置，如图 3-32 所示。

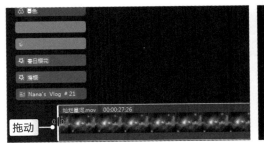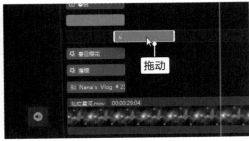

图 3-32

3.3.3 打开视频吸附功能

初次使用剪映专业版时，系统默认会打开自动吸附功能，自动吸附功能的快捷键为【N】，单击"🔳"按钮也可以打开和关闭自动吸附功能。在进行视频剪辑的过程中，一般建议打开吸附功能。

开启吸附功能后，拖动素材移动时，在两个素材的接头处会显示一条蓝色竖线，释放鼠标后可让素材自动吸附，这能避免掉帧。另外，该竖线也可以帮助判断两段素材接头之间的距离，如图 3-33 所示。

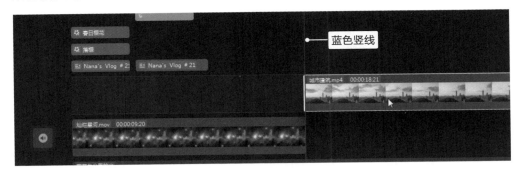

图 3-33

关闭吸附功能后，拖动素材移动时不会显示蓝色竖线，在剪辑视频时，可以根据操作习惯开启或关闭吸附功能。图 3-34 所示为关闭吸附功能的效果。

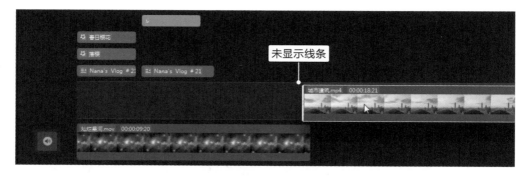

图 3-34

3.3.4 云备份提高工作效率

云备份功能可以实现手机、平板、电脑端多设备数据同步，这个功能可以帮助创作者在多设备间顺畅地进行切换，大大提高了工作效率。比如，使用剪映 App 粗剪一个视频，完成剪辑后保存到剪映云，然后再用剪映电脑版对该视频进行精剪。

另外，在电脑中剪辑好的视频也可以保存到云备份草稿，然后通过剪映 App 导出并发布。下面来看看如何使用剪映的云备份功能。

实例演示

使用剪映云备份草稿功能

步骤01 在电脑中打开剪映专业版，单击"云备份草稿"选项卡，如图3-35所示。

步骤02 在打开的页面中单击"点击登录"按钮，如图3-36所示。

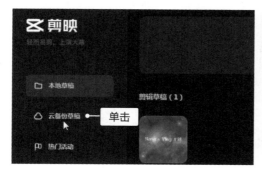

图 3-35

图 3-36

步骤03 在打开的页面中选择登录方式，这里使用抖音App扫码登录，如图3-37所示。

步骤04 扫描登录二维码后，在手机中点击"同意授权"按钮，如图3-38所示。

图 3-37　　　　　　　　　　　　　图 3-38

步骤05 登录成功后，单击"本地草稿"选项卡，单击"■"按钮，在弹出的下拉列表中选择"备份至云端"选项，如图3-39所示。

步骤06 程序自动上传本地草稿至云备份草稿，单击"云备份草稿"选项卡，可查看已备份至云端的草稿，如图3-40所示。

 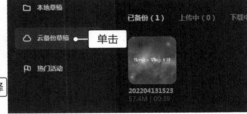

图 3-39　　　　　　　　　　　　　图 3-40

步骤07 打开剪映App，点击"剪映云"超链接，如图3-41所示。

步骤08 在打开的页面中选中"我已阅读并同意剪映用户协议和剪映隐私政策"单选按钮，点击"抖音登录"按钮登录账号，如图3-42所示。

 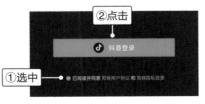

图 3-41　　　　　　　　　　　　　图 3-42

步骤09 程序自动打开剪映云空间，可看到保存在云端的草稿，点击"下载"按钮将视频下载到本地，如图3-43所示。

步骤10 等待云端草稿下载，下载成功后对手机进行返回操作，在返回的页面中可以查看到保存到本地的视频，点击视频后进入剪辑页面，可对视频进行剪辑或者导出、发布到抖音及西瓜视频，如图3-44所示。

图 3-43

图 3-44

将剪映 App 中剪辑的视频上传到云端也比较简单，选择要上传至云端的视频，点击视频下方的"▮"按钮，在弹出的下拉列表中选择"上传"选项，如图3-45所示。

图 3-45

3.4　用手机版快速完成视频剪辑操作

剪映移动端可用于视频剪辑和内容发布，对于一些不需要精细处理的素材，可使用移动端快速进行剪辑。下面就来看看剪映移动端的剪辑功能，并了解使用手机剪辑视频的具体方法。

3.4.1　调整素材顺序并剪辑片段

使用剪映 App 导入视频素材后，会进入剪辑页面。剪辑的第一步是按照视频进展的时间顺序调整素材位置，然后从头到尾预览素材，对视频片段进行剪辑，这一过程中主要会使用分割和移动功能，下面来看看具体操作。

实例演示
分割视频素材并调整顺序

步骤01　打开剪映App，导入需要剪辑的视频素材，这里导入两段竖屏视频素材，在预览区域点击"▷"按钮播放视频，如图3-46所示。

步骤02　选中"吊桥"视频素材，调整视频素材的顺序，这里将该段素材移动到另一个素材的后方，如图3-47所示。

图 3-46

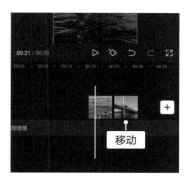

图 3-47

步骤03　调整素材顺序后，在时间线区域左右滑动预览素材，将时间轴定位在需要剪辑的画面上，点击"剪辑"按钮，如图3-48所示。

步骤04　打开剪辑工具栏，点击"分割"按钮分割视频素材，如图3-49所示。

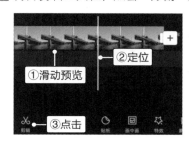

图 3-48

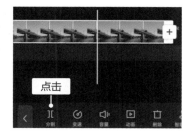

图 3-49

步骤05　分割视频素材后，点击"删除"按钮删除不需要的素材，如图3-50所示。

步骤06　按照同样的方法可对其他视频素材进行剪辑分割，并删除不需要的片段，如图3-51所示。

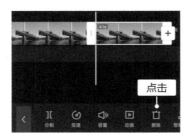
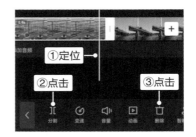

图 3-50   图 3-51

3.4.2 调整画面并进行二次构图

在进行视频剪辑的过程中，如果觉得画面取景不够好看，或者需要剪切掉部分画面以突出细节，这时可以对视频进行二次构图，使用裁剪功能对视频素材进行裁剪。

实例演示

裁剪功能调整视频比例

步骤01 选择需要调整比例的视频素材，向左滑动工具栏，找到编辑功能，点击"编辑"按钮，如图3-52所示。

步骤02 在打开的工具栏中可以看到旋转、镜像和裁剪功能，点击"裁剪"按钮，如图3-53所示。

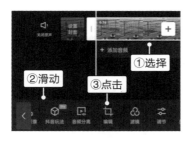
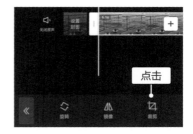

图 3-52   图 3-53

步骤03 根据画面需要选择自由裁剪或者按比例裁剪，这里选择"9∶16"选项，让视频适应抖音的竖屏展示效果，如图3-54所示。

步骤04 在预览区域拖动裁剪边框对视频进行裁剪，移动素材调整画面位置，直到得到满意的画面效果，如图3-55所示。

图 3-54	图 3-55

步骤05　若裁剪操作失误可以点击"重置"按钮重置，完成裁剪操作后，点击"√"按钮，如图3-56所示。

步骤06　此时可以看到裁剪后的效果，在返回的界面中点击"《"按钮返回剪辑页面，如图3-57所示。

图 3-56	图 3-57

TIPS 裁剪时注意视频画质

　　如果视频清晰度本身不高，一般不建议对视频进行二次裁剪，因为裁剪后会丢失部分画面，可能导致视频画面看起来很模糊。另外，如果视频被裁剪得太小，也容易导致画面失真而变模糊，因此，对视频进行二次构图时还要考虑画质效果。

3.4.3　画面亮度与色彩设置

　　亮度和色彩是影响画面表现效果的两个重要因素，拍摄视频时如果没有注意亮度和色彩，还可以通过后期对其进行调整，具体操作如下：

实例演示
调节视频亮度并应用"绿研"滤镜

⟨♦ 步骤01⟩ 选择需要调整亮度和色彩的视频素材，向左滑动工具栏，找到调节功能，点击"调节"按钮，如图3-58所示。

⟨♦ 步骤02⟩ 在打开的页面中点击"亮度"按钮，滑动圆形滑块调整视频亮度，这里向右滑动调亮视频亮度，调节时要根据预览效果来灵活调整参数，如图3-59所示。

图 3-58

图 3-59

⟨♦ 步骤03⟩ 点击"滤镜"选项卡，在"风景"列表中选择"绿研"选项，滑动圆形滑块调整滤镜应用效果，如图3-60所示。

⟨♦ 步骤04⟩ 如果要对所有素材应用滤镜效果，则点击"全局应用"按钮，完成后点击"√"按钮，完成视频亮度和色彩的调整操作，如图3-61所示。

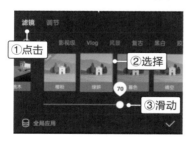

图 3-60

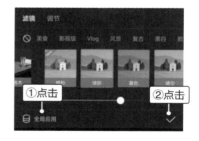

图 3-61

3.4.4 关掉原声给视频添加音频

音乐可以提高视频视听效果，如果视频素材中有原声，在剪辑时可以先关闭原声，然后为视频添加合适的音乐效果。这里以使用剪映App提供的音乐素材为例，介绍如何为视频添加音乐效果。

实例演示

为视频添加合适的音乐

步骤01 在剪辑界面点击"关闭原声"按钮，再点击"音频"按钮或者点击"添加音频"按钮，打开音频工具栏，如图3-62所示。

步骤02 在音频工具栏中点击"音乐"按钮，进入音乐素材库，如图3-63所示。

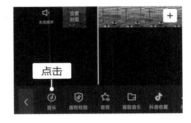

图 3-62 　　　　　　　　　　　　　　　图 3-63

步骤03 在打开的页面中可以搜索音乐，选择推荐的音乐，或者按分类查找音乐，这里点击搜索文本框搜索音乐，如图3-64所示。

步骤04 输入音乐名称，在搜索结果中点击音乐名称可以试听音乐，选择好合适的音乐后，点击"使用"按钮使用音乐，如图3-65所示。

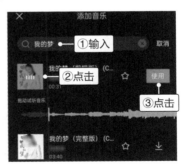

图 3-64 　　　　　　　　　　　　　　　图 3-65

步骤05 程序自动将音乐素材添加到音频轨中，此时可点击"播放"按钮预览音频和视频效果，然后结合视频进行剪辑。这里选择音频素材，将时间轴定位到视频片尾，点击"分割"按钮，如图3-66所示。

步骤06 选择不需要的音乐素材，点击"删除"按钮删除，如图3-67所示。

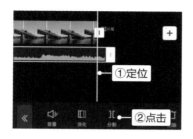

图 3-66

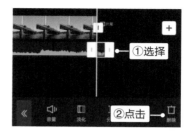

图 3-67

3.4.5 给视频添加特效效果

恰到好处的特效能丰富视频效果，剪映移动端的特效功能使用起来很简单，下面以使用"星火炸开"特效为例，讲解如何使用特效功能。

实例演示
为视频应用"星火炸开"特效效果

步骤01 将时间轴定位在需要应用特效效果的位置，在视频剪辑工具栏点击"特效"按钮，如图3-68所示。

步骤02 打开特效工具栏，根据视频类型选择特效类型，这里点击"画面特效"按钮，如图3-69所示。

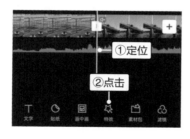

图 3-68

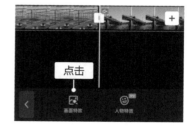

图 3-69

步骤03 在打开的页面中可以看到种类丰富的特效效果，点击"氛围"选项卡，选择"星火炸开"选项应用该特效效果，点击"调整参数"按钮，在打开的列表中可对特效的参数进行调整，调整完成后点击"√"按钮，如图3-70所示。

步骤04 在返回的页面中可以预览特效效果，若对效果不满意可进行替换，或者点击"调整参数"按钮再次重新调整，如图3-71所示。

图 3-70

图 3-71

3.4.6　给视频加文字字幕

为了给观众更好的视频观看体验，在剪辑过程中还可以给视频添加字幕，并为字幕应用合适的特效效果。在前面的操作中，我们为视频添加了带歌词的音乐，所以下面以为视频添加歌词字幕为例，介绍如何使用剪映移动端为视频添加字幕。

实例演示

为视频加音乐歌词字幕

📎 **步骤01** 返回视频剪辑界面，点击"文字"按钮，打开文字工具栏，如图3-72所示。

📎 **步骤02** 在打开的页面中点击"新建文本"按钮，如图3-73所示。

图 3-72

图 3-73

📎 **步骤03** 在打开的文字文本框中输入文字内容，在预览窗口拖动文字可以调整字幕显示位置，点击"样式"选项卡，在弹出的下拉列表中可设置文字的样式、颜色、字号、透明度等，如图3-74所示。

📎 **步骤04** 点击"动画"选项卡，选择合适的动画效果，这里选择"波浪弹入"选项，滑动下方滑块可设置参数，完成设置后点击"√"按钮，如图3-75所示。

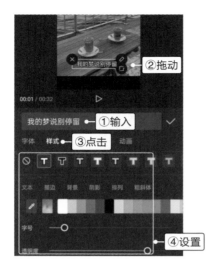

图 3-74

图 3-75

步骤05 返回编辑页面，播放预览音乐与字幕的效果，看文字与歌词是否对应，若不对应则调整字幕时长和位置，这里不做调整。按照同样的方法添加歌词字幕，并设置样式和动画效果，如图3-76所示。

步骤06 返回编辑页面，播放预览音乐与字幕的效果，看文字与歌词是否对应，选择需要调整的文字字幕，拖动调整其位置，使音乐与文字效果对应，如图3-77所示。

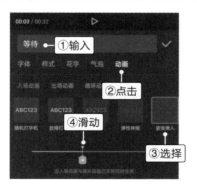

图 3-76

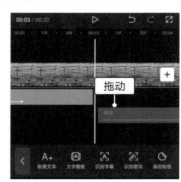

图 3-77

步骤07 将时间轴定位在歌词结束的位置，选择要调整的文字字幕，向左拖动结尾的白色裁剪框，缩短文字字幕的时长，使字幕的结束位置与歌词对应，如图3-78所示。

步骤08 按照同样的方法为音乐歌词添加字幕，并设置样式和动画效果，调整字幕位置和时长，保证文字与音乐对应，如图3-79所示。

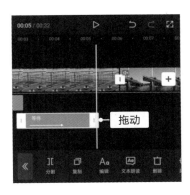
图 3-78

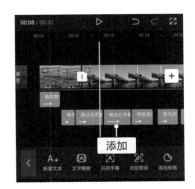
图 3-79

制作好字幕后，再次预览播放整段视频，并对效果不满意的地方进行调整，如图 3-80 所示为视频添加特效、字幕后的预览效果。

图 3-80

TIPS 删除剪映自带的片尾

在预览视频时，可以看到剪映 App 自动在视频结尾添加了带有剪映水印的片尾，如果不想使用该片尾，可以选中片尾后，点击"删除"按钮进行删除，如图 3-81 所示。另外，也可以在主界面单击"设置"按钮，在打开的页面点击"自动添加片尾"后的圆形按钮，在打开的对话框中选择"移除片尾"选项，如图 3-82 所示。这样在剪辑视频时，就不会自动添加带剪映水印的片尾了。

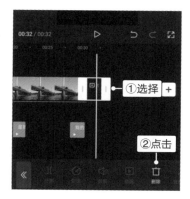

图 3-81

图 3-82

　　完成剪辑后点击"导出"按钮导出视频或同步发布到抖音、西瓜视频。通过以上步骤进行一次完整的视频剪辑操作。可以看到，在剪辑过程中需要反复预览视频效果，并进行相应地编辑调整。若要对视频进行更精细化的后期处理，使用剪映专业版会更加便捷，创作者可以将手机端草稿保存至云端，然后使用剪映专业版进行细节处理。

第 **4** 章

剪映后期处理的
功能应用

使用剪映移动端对视频进行剪辑时可以发现，受手机屏幕大小的限制，在对一些素材细节进行处理时，会不太好操作，这时就需要使用剪映专业版。了解了剪映移动端的功能和使用方法后，再来学习剪映专业版，上手会更加轻松容易，本章就来学习如何使用剪映专业版进行视频后期剪辑操作。

视频分割：让后期剪辑更灵活

如何将视频分割成两段
删除不需要的视频片段

素材编辑：为视频进行调整操作

视频不透明度实现特殊效果
裁剪尺寸不同的视频

倒放变速：实现炫酷视频效果

变速功能产生节奏感
倒放功能产生奇特效果

4.1 视频分割：让后期剪辑更灵活

分割是视频剪辑过程中基本上会用到的一个功能，分割就是将一段视频切割为两段，分割后，视频的长度会发生改变。

4.1.1 如何将视频分割成两段

在剪映专业版中，分割功能是【Ctrl+B】快捷键。在剪辑时，可以根据需要将时间轴定位在合适的位置，然后分割视频。下面来看看如何使用专业版的分割功能。

实例演示
剪映专业版分割功能快捷操作

步骤01 打开剪映专业版，单击"开始创作"按钮进入视频剪辑界面，将需要分割的视频素材拖动到视频轨中，如图4-1所示。

步骤02 拖动时间轴到需要分割的画面位置，这里可以结合时间刻度来定位，比如我们只需要视频素材的前15秒，可拖动时间轴到时间刻度的15s位置处，如果时长不够精确，可按方向左/右键逐帧调节。按【Ctrl+B】组合键或单击"⌇"按钮分割素材，如图4-2所示。

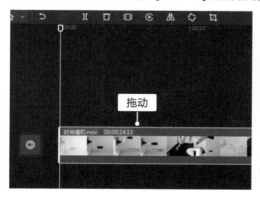

图 4-1

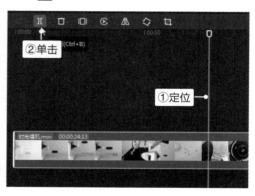

图 4-2

步骤03 单击高频工具栏中的"⌄"按钮，在弹出的下拉列表中选择"切割"选项，如图4-3所示。

步骤04 此时鼠标由选择状态变为分割状态，将鼠标光标放在需要切割的位置，在视频轴上单击即可快速分割视频，如图4-4所示。

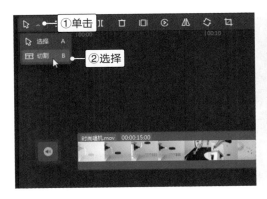

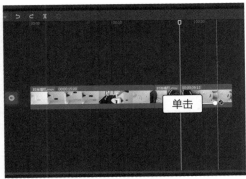

图 4-3　　　　　　　　　　　　　　　图 4-4

4.1.2　删除不需要的视频片段

删除视频片段的方法有多种，可以使用快捷键进行删除，也可以通过高频工具栏删除，或者使用右键快捷菜单删除，剪辑时可以根据个人习惯选择使用。

（1）使用快捷键删除

选择需要删除的视频素材，按【Del】键或者【Backspace】键即可快速删除素材，如图 4-5 所示。

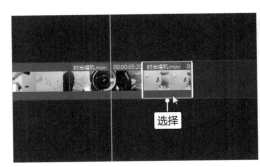

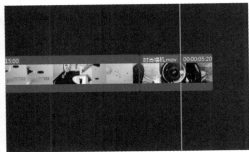

图 4-5

（2）使用高频工具栏删除

选择需要删除的视频素材，单击高频工具栏中的"**▢**"按钮即可快速删除素材，如图 4-6 所示。

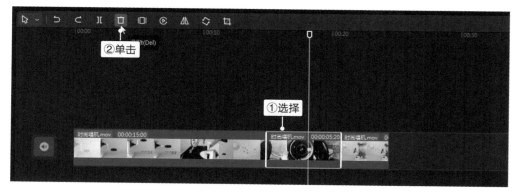

图 4-6

（3）使用右键菜单删除

右击需要删除的视频素材，在弹出的快捷菜单中选择"删除"命令，如图 4-7 所示。

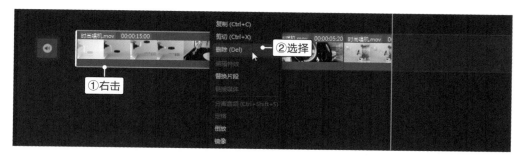

图 4-7

4.2 素材编辑：对视频进行调整操作

将视频素材放入视频轨后，程序会打开视频功能面板，通过功能面板可快速对视频素材进行基础的剪辑操作。

4.2.1 视频不透明度实现特殊效果

在视频剪辑过程中，要让两个重叠的视频实现特殊效果，常常就需要使用不透明度功能，下面来看看如何利用不透明度功能来让两个视频自然地融入在一起。

实例演示
调整不透明度实现自然融合效果

步骤01 打开剪映专业版，在视频轨添加两段视频素材并将素材文件重叠放置，将需要调整不透明度的视频素材放在上方，如图4-8所示。

步骤02 在播放器面板中预览视频，看到下方的视频被上方视频所遮挡，所以无法显示，如图4-9所示。

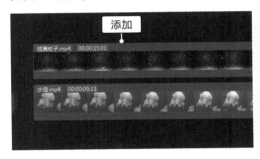

图 4-8   图 4-9

步骤03 选择需要调整透明度的视频素材，如图4-10所示。

步骤04 程序自动打开视频功能面板，拖动不透明度滑块调整视频不透明度，这里将不透明度设置为30%，如图4-11所示。

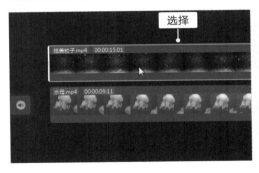

图 4-10   图 4-11

完成以上步骤后预览视频效果，可以看到两段视频素材很自然地融合在一起，实现了画中画的效果。图4-12所示为设置不透明度前后的效果对比。

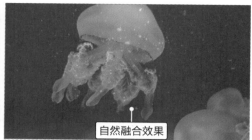

图 4-12

4.2.2 裁剪尺寸不一的视频

　　剪辑视频时常常会使用多个视频素材文件，有时因为拍摄设备不同，或者拍摄时没有统一画幅比例，会导致得到的视频素材尺寸不一，针对这种情况，可以对素材进行统一裁剪，使视频比例统一。

实例演示

将视频比例统一为 9：16

步骤01 打开剪映专业版，在轨道中导入视频素材，选择需要裁剪的素材，单击高频工具栏中的"裁剪"按钮，如图4-13所示。

步骤02 在打开的"裁剪"对话框中单击"自由"下拉按钮，在弹出的下拉列表中选择"9：16"选项，如图4-14所示。

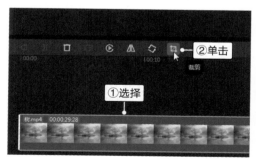
图 4-13

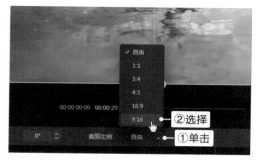
图 4-14

步骤03 在裁剪预览面板拖动白色裁剪框可按9：16的固定比例裁剪视频素材，左右移动光标可调整画面内容，如图4-15所示。

步骤04 完成裁剪后单击"确定"按钮关闭"裁剪"对话框,如图4-16所示。

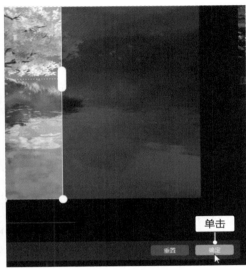

图 4-15

图 4-16

步骤05 右击其他需要裁剪的视频素材,在弹出的快捷菜单中选择"裁剪"命令也可以打开"裁剪"对话框,如图4-17所示。

步骤06 同样设置裁剪比例为9:16,完成裁剪操作后单击"确定"按钮,如图4-18所示。

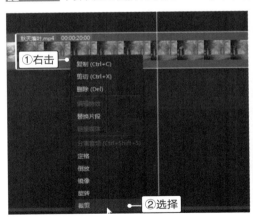

图 4-17

图 4-18

完成以上步骤后预览视频效果,可以看到视频素材由原来的横屏画幅变为竖屏,且比例都为9:16,如图4-19所示。

图 4-19

4.3 倒放变速：实现炫酷视频效果

有趣好玩的视频很容易吸引用户的注意力，在观看视频时，常常可以看到有奇特视觉效果的视频，如泼出去的水被收回、画面中的动态主体忽快忽慢很有节奏感，这类视频实际上是运用了倒放和变速效果。

4.3.1 变速功能产生节奏感

恰到好处地变速能让视频更具节奏感，剪映专业版提供了两种变速：一种是常规变速，另一种是曲线变速。常规变速是将视频的快慢节奏固定为一个速率，如加速 2.0x，减速 0.5x；曲线变速有多种方式，剪映提供了自定义变速、蒙太奇变速、英雄时刻变速、子弹时间变速、跳接变速、闪进变速和闪出变速。

曲线变速不固定快慢节奏，剪辑时可以根据视频效果需要来灵活调整速度，如视频前半部分速度快，后半部分速度慢；或开始和结尾速度慢，中间部分速度快等。要用好曲线变速功能，可通过曲线变速图了解一些变速规律。图 4-20 所示为曲线变速示意图。

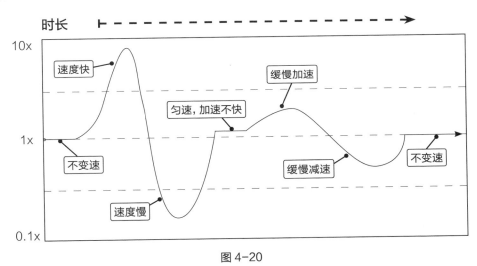

图 4-20

上图中，1x 水平虚线表示不变速，速度点在 1x 上方表示加速，速度点在 1x 下方表示减速，越往上速度越快，越往下速度越慢，曲线越陡峭表示变化速率越大，垂直时变化速率最大。

了解了曲线变速图后，下面来看看如何使用剪映专业版的变速功能。

实例演示

为动态视频应用蒙太奇变速

步骤01 打开剪映专业版，进入视频剪辑界面，拖动视频素材到视频轨，如图4-21所示。

步骤02 单击功能面板中的"变速"选项卡，单击"曲线变速"选项卡，切换至曲线变速功能面板，如图4-22所示。

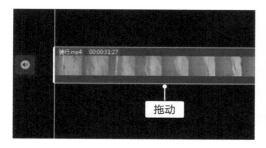

图 4-21

图 4-22

步骤03 在打开的功能面板中可以看到剪映提供的多种曲线变速方式，这里选择"蒙太奇"选项，拖动速度点可对速度进行调整，如图4-23所示。

步骤04 在左侧的预览面板可预览变速后的视频播放效果，如图4-24所示。

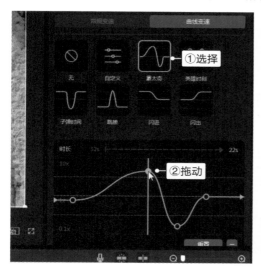

图 4-23

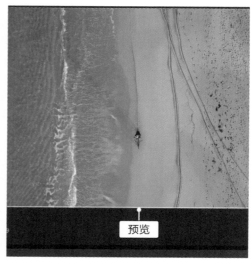

图 4-24

4.3.2 倒放功能产生奇特效果

倒放可以让视频呈现时光倒流的效果，在运用倒放功能时，要注意视频素材的选择，一般要选择有动态主体的素材，这样才能让倒放视频引起观众的好奇心，比如车流视频素材、人物运动视频素材等，下面以车流视频素材为例，讲解剪映专业版倒放功能的使用。

实例演示

车流视频的倒放效果

步骤01 在剪映专业版剪辑页面导入动态视频素材到视频轨，如图4-25所示。

步骤02 单击高频工具栏中的"倒放"按钮，如图4-26所示。

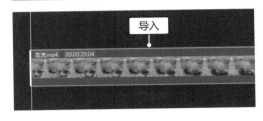

图 4-25

图 4-26

步骤03 等待程序完成倒放功能的应用，如图4-27所示。

步骤04 完成后，在播放器面板中预览倒放后的视频播放效果，如图4-28所示。

图 4-27

图 4-28

图4-29所示为应用倒放后视频第一帧和最后一帧的画面效果。可以看到，画面中车辆呈现出倒着行驶的效果，镜头也从由远及近变为由近及远。

图 4-29

4.4 抠图抠像：快速抠出视频素材

抠图抠像功能可以帮助我们把需要的主体对象抠出来，实现逼真、没有违和感的视频合成效果，比如人像视频中的背景不美观，这时就可以把人物抠出并替换背景。

4.4.1 智能抠像，快速抠出人像

对于初次接触视频剪辑的创作者来说，可能会觉得人物抠像很复杂、很专业。随着剪辑软件功能越来越强大，人物抠像也变得简单化、智能化，现在使用剪映提供的智能抠像功能就能快速抠出人物。

实例演示
将人物从背景中抠出

🎬 **步骤01** 在视频轨中导入需要进行人像抠图的视频素材，如图4-30所示。

🎬 **步骤02** 在打开的功能面板中单击"抠像"选项卡，单击"智能抠像"按钮，如图4-31所示。

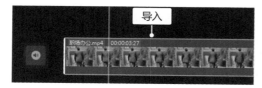

图 4-30

图 4-31

🎬 **步骤03** 程序自动进行人像抠图操作，如图4-32所示。

🎬 **步骤04** 智能抠像处理完成后，可在播放器预览面板查看抠像效果，如图4-33所示。

图 4-32

图 4-33

智能抠像功能也用于抠出图片中的人物，其操作步骤与案例中的流程一致。使用智能抠像功能抠图时，可能存在抠不干净的情况，比如有白边、边缘明显等，其原因有多种，常见的有以下四种：

◆ 视频中人物和背景区分不明显，影响智能识别精准性。

◆ 视频成像效果不佳，人物模糊，程序无法很好地识别人物边缘。

◆ 人物服装与背景色彩融为一体，程序对人物边缘的识别不准确。

◆ 视频中的人像过小，程序无法识别到人物。

　　基于以上几点，使用智能抠像功能时，要保证素材中人物的占比不会太小，同时要选择高清的以及人物与背景能够很好区分的素材，这样抠出来的人像就会很精准，如图4-34所示为使用智能抠像功能抠出的人像，由于画面中人物的占比较大，人物与背景能够很好地区分，所以抠出来的效果也很好。

图4-34

4.4.2　色度抠图，抠出指定色彩像

　　色度抠图是通过识别色彩来抠图，如背景的视频素材就可以利用色度抠图功能抠出主体对象，下面来看看如何使用剪映色度抠图功能。

实例演示
抠出背景中的主体对象

步骤01 进入剪映视频剪辑页面，在视频轨中导入需要抠图的视频素材，如图4-35所示。

步骤02 单击"抠像"选项卡，选中"色度抠图"复选框，单击"▓"按钮，点亮拾色器，如图4-36所示。

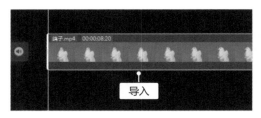

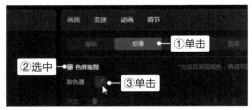

图 4-35 图 4-36

步骤03 在左侧播放器预览面板吸取要抠出的背景色彩，如图4-37所示。

步骤04 拖动"强度"滑块，预览画面抠图效果，直到背景被完全抠出，如图4-38所示。

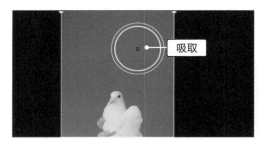

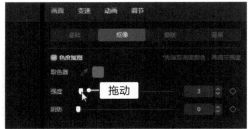

图 4-37 图 4-38

完成以上步骤后播放视频效果，可以看到，视频中蓝色的背景被抠除了，只剩下了主体对象，如图4-39所示。

图 4-39

TIPS 色度抠图适用范围

色度抠图是通过指定色彩来控制选区，适合背景为纯色、纯色有渐变以及色彩差别不大的素材进行抠图。如果素材的背景色彩比较复杂，画面色彩花哨杂乱，那么就不太适用色度抠图，抠图的效果往往不够理想。

4.4.3　蒙版抠图，抠出图形图像

蒙版的主要作用是显示和隐藏，这一功能很实用，在视频剪辑过程中，可以利用蒙版来显示视频中的部分区域，实现图形图像抠图。剪映提供了多种类型的蒙版，包括线性、镜面、圆形、矩形、爱心以及星形等。

实例演示

使用蒙版抠出爱心图形图像

步骤01 进入剪映视频剪辑界面，在视频轨中导入素材，如图4-40所示。

步骤02 单击功能面板中的"蒙版"选项卡，选择要应用的蒙版类型，这里选择"爱心"选项，如图4-41所示。

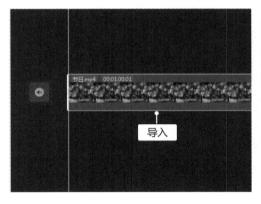

图4-40

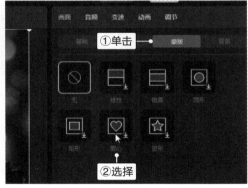

图4-41

步骤03 拖动边框调整蒙版图形的大小，按住鼠标左键旋转"⊙"按钮，可调整蒙版图形的旋转角度，按住鼠标左键上下左右移动蒙版图形可以调整画面位置，如图4-42所示。

步骤04 还可以在右侧面板中设置蒙版的参数，包括位置、旋转、大小和羽化，如图4-43所示。

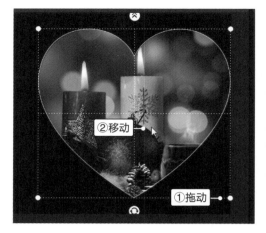

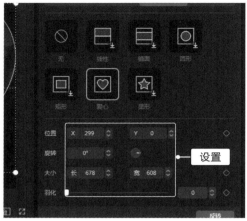

图 4-42 图 4-43

　　设置好蒙版参数后可在播放器预览面板查看应用效果，可以看到素材被剪切成爱心形状，根据视频内容需要，还可以添加合适的背景，实现抠图合成效果，如图 4-44 所示。

图 4-44

4.5　动画漫画：让画面更具动感

　　生动有趣的动画、漫画效果，能为视频加分不少，也能让视频内容更显精彩。制作 vlog、幽默搞笑、知识百科、才艺展示类视频时，运用好动画、漫画效果，能够吸引观众更好地观看短视频。

4.5.1　添加入场和出场动画

　　入场动画、出场动画分别作用于视频的开头和结尾,能让视频看起来更加流畅,避免视频开场或结束时过于生硬,同时,也能让视频效果更具动感,提升画面表现力。

实例演示
应用向右滑动和渐隐动画效果

步骤01 进入视频剪辑界面,在视频轨中导入要应用动画效果的素材,如图4-45所示。

步骤02 单击功能面板中的"动画"选项卡,在入场动画列表中选择动画效果,这里选择"向右滑动"选项,如图4-46所示。

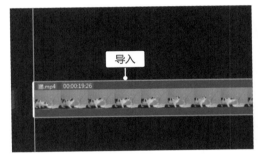

图 4-45　　　　　　　　　　　　　　图 4-46

步骤03 滑动"动画时长"滑块调整入场动画时长,这里将入场动画时长设置为1.2 s,如图4-47所示。

步骤04 将时间轴定位在视频中间位置,按【Ctrl+B】组合键分割视频,选择结尾部分视频素材如图4-48所示。

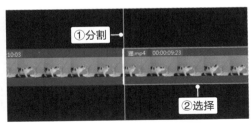

图 4-47　　　　　　　　　　　　　　图 4-48

步骤05 单击"出场"选项卡，切换至出场动画功能面板，选择动画效果，这里选择"渐隐"选项，如图4-49所示。

步骤06 设置出场动画时长，这里将动画时长设置为1.5 s，如图4-50所示。

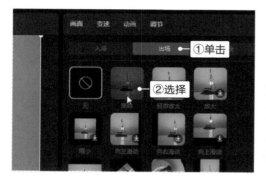

图4-49

图4-50

完成以上步骤后查看视频效果，可以看到视频素材以向右滑动的方式入场，以渐隐的方式出场，如图 4-51 所示。

图4-51

在剪映中还可以运用"组合"动画，组合动画更具动感效果，有拉伸扭曲、缩小弹动、波动滑出、魔方、夹心饼干、四格翻转、水晶、绕圈圈等动画类型，如图 4-52 所示为应用组合动画"水晶"和"拉伸扭曲"的画面效果。

图4-52

4.5.2　制作漫画特效效果短视频

在浏览短视频时，我们常常看到很多漫画效果的视频，剪映专业版也提供了一些漫画特效，在制作具有动漫风格的短视频时，可以根据需要应用。

实例演示

制作烟雾炸开动画效果

步骤01　进入剪映视频剪辑界面，在视频轨中导入动画风格视频素材，然后将该素材拖动到视频轨上方，如图4-53所示。

步骤02　单击工具栏中的"特效"选项卡，打开特效素材库，单击"特效效果"下拉按钮，如图4-54所示。

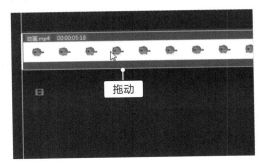 

图4-53　　　　　　　　　　　　图4-54

步骤03　在特效素材库中单击"漫画"选项卡，选择"烟雾炸开"特效，单击"+"按钮，如图4-55所示。

步骤04　程序自动在视频素材上方添加特效轨道，并应用烟雾炸开特效，如图4-56所示。

图 4-55

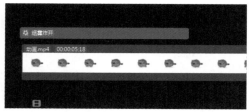

图 4-56

步骤05 选择视频素材，按住鼠标左键拖动，使特效与视频素材不对齐，如图4-57所示。

步骤06 选择特效素材，拖动尾部缩短素材时长，如图4-58所示。

图 4-57

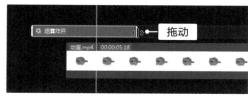

图 4-58

完成以上步骤后预览视频效果，可以看到视频呈现出烟雾炸开的动画效果，烟雾消散后主体对象才出现在画面中，如图 4-59 所示为效果展示。

图 4-59

TIPS _如何制作漫画脸短视频_

秒变漫画脸是抖音上比较火的一种视频表现形式，其特点是变身效果突出，要实现这一视频效果，可以使用剪映手机端的"抖音同款"功能来制作。在剪映中导入人像照片或视频，选择素材后点击工具栏中的"抖音玩法"按钮，在打开的工具栏中可以看到很多动漫特效，如萌漫、魔法变身等，选择合适的效果应用即可，如图4-60所示。

图 4-60

4.6　视频贴纸：增加画面的趣味性

如果视频画面比较单一，或者想要让视频给人可爱、活泼、有趣的视觉感受，都可以在后期剪辑中为素材添加贴纸，剪映专业版提供的贴纸素材很丰富，有搞笑综艺、春日、旅行、手账等类型，可根据视频题材灵活选择。

4.6.1　为视频添加好玩有趣的贴纸

贴纸可以增加视频的趣味性，营造活跃的氛围，下面以为视频添加"搞笑综艺"贴纸为例，来看看如何使用剪映的贴纸功能。

实例演示
为视频添加"搞笑综艺"贴纸

步骤01　进入剪映视频剪辑界面，在视频轨中导入素材，如图4-61所示。

步骤02 在工具栏中单击"贴纸"选项卡，然后单击"搞笑综艺"选项卡，如图4-62所示。

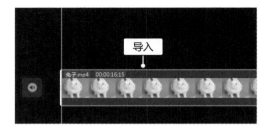

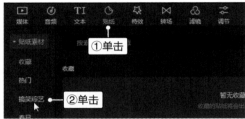

图 4-61 图 4-62

步骤03 在"搞笑综艺"贴纸素材库中选择贴纸效果，单击"+"按钮应用贴纸效果，如图4-63所示。

步骤04 在播放器预览面板中调整贴纸素材的位置和旋转角度，如图4-64所示。

图 4-63 图 4-64

完成以上步骤后，在预览窗口查看贴纸效果。图 4-65 所示为应用贴纸前后的视频效果。

图 4-65

4.6.2 根据视频场景使用合适的贴纸

在剪映的贴纸素材库中可以看到很多贴纸样式,在应用贴纸效果时,要结合视频内容以及场景来选择,让贴纸与素材内容协调搭配,才能为视频加分。比如在视频的片尾可以应用抖音赞赏贴纸,以引导观众关注或点赞;旅行类视频可以选择"旅行"贴纸来表达旅行主题。图4-66所示为素材应用不同风格贴纸的效果。

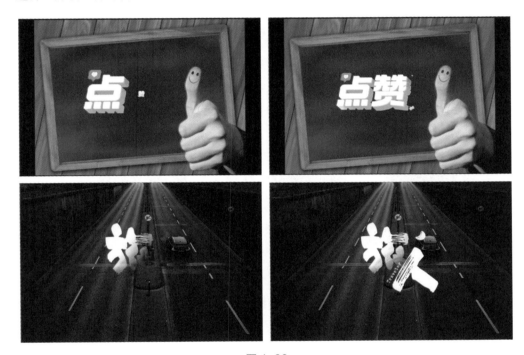

图4-66

4.7 防抖和锐化:提高视频清晰度

在拍摄视频素材时,可能会因为多种原因导致画面抖动或者看起来不清晰,针对以上问题也可以通过后期来进行处理。剪映提供了视频防抖工具,该工具可以帮助视频增稳,而锐化工具则可以帮助降低画面噪点,从而使视频观看起来更清晰稳定。

4.7.1 如何得到防抖视频纸

除非是特殊视频效果的需要，一般情况下，稳定不抖动的视频才能给观众带来更好的视觉体验。但在实际拍摄视频时，可能会因为手持拍摄、不小心触碰了三脚架等原因导致拍摄的视频抖动，这时就可以利用"视频防抖"功能来让画面镜头更加稳定。

实例演示

一键开启视频防抖

步骤01 进入剪映视频剪辑界面，在视频轨中导入存在抖动的视频素材，如图4-67所示。

步骤02 在"画面"功能面板中滚动鼠标滚轮，找到视频防抖功能，选中"视频防抖"复选框，开启视频防抖，如图4-68所示。

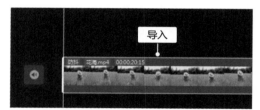

图 4-67   图 4-68

需要注意，如果镜头晃动得太厉害，开启视频防抖带来的稳定作用也是有限的，因此，在前期拍摄时就应注意避免抖动。

4.7.2 锐化提升画面细节表现

锐化实际上是对纹理的边缘进行处理，它可以提高画面的细节表现，从而使画面看起来更加清晰。如果视频画面看起来有些模糊，通过锐化也可以在一定程度上提高清晰度。

实例演示

锐化处理提升视频清晰度

步骤01 进入剪映视频剪辑界面，在视频轨中导入需要调整清晰度的视频素材，如图4-69所示。

步骤02 单击功能面板中的"调节"选项卡，滑动"锐化"滑块对素材进行锐化处理，如图4-70所示。

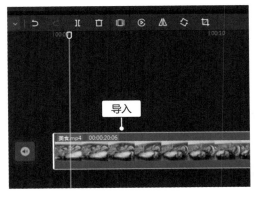

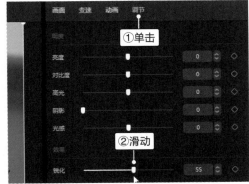

图4-69	图4-70

增强视频素材的锐化后可以看到，美食表面的纹理细节更加清晰有质感，如图4-71所示。

图4-71

4.8 磨皮瘦脸：改善人像皮肤肤质

观众往往更喜欢"高颜值"的事物，磨皮瘦脸就是能帮助调整人物面部缺点，使人物面容看起来更加精致的工具。对于以人像为主的视频来说，这一功能具有很强的实用性，能实现人像美化效果。

4.8.1　对人物面容进行磨皮

磨皮是通过对人物皮肤进行打磨来实现美颜效果，磨皮后人物面容看起来会更加细腻光滑，同时还能让肤色看起来更白皙，下面就来看看如何使用剪映对人像视频进行磨皮。

实例演示
人像视频面部磨皮

步骤01 进入剪映视频剪辑界面，在视频轨中导入人像视频素材，如图4-72所示。

步骤02 在"画面"功能面板中滑动"磨皮"滑块，对人物进行磨皮处理，应用时注意磨皮的强度，如图4-73所示。

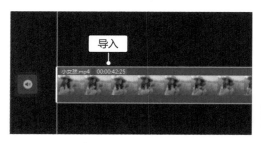 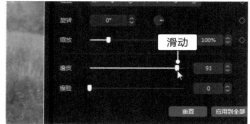

图4-72　　　　　　　　　　　　　　图4-73

对比磨皮前后人物的面容效果（见图4-74），可以看到，磨皮后小女孩的面容看起来更细腻光滑。

磨皮前　　　　　　　　　　　　　磨皮后

图4-74

4.8.2 如何使用瘦脸功能

瘦脸是对人物的脸颊进行修饰，如果视频中人物的面部看起来显胖，这时就可以借助瘦脸这一功能来修饰脸型轮廓。

实例演示

借助瘦脸功能修饰脸型轮廓

步骤01 进入剪映视频剪辑界面，在视频轨中导入人像视频素材，如图4-75所示。

步骤02 在"画面"功能面板中滑动"瘦脸"滑块，对人物脸型进行修饰，应用时注意瘦脸的强度，避免让人物面容看起来不自然，如图4-76所示。

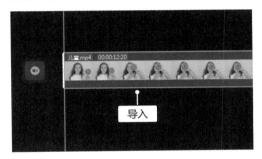

图 4-75

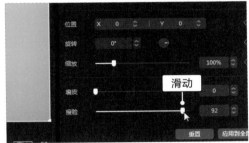

图 4-76

在播放器预览窗口查看瘦脸效果，可以看到，人物的脸部看起来更显瘦。图 4-77 所示为瘦脸前后效果对比。

瘦脸前

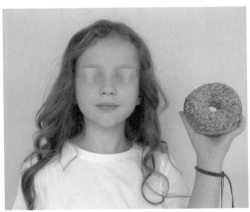

瘦脸后

图 4-77

4.9　定格镜像：实现静止镜像效果

定格能呈现时间冻结、按下暂停键的效果，镜像则能让画面呈现左右翻转的效果，这两种效果都能让视频更具趣味性和表现力，比如短视频中比较火爆的时间定格＋抓拍卡点效果以及镜面对称效果就是借助定格和镜像功能来实现的。

4.9.1　如何实现视频定格效果

定格可以让动态视频中某一时间段的画面静止不动，在制作纪念相册视频、音乐舞蹈卡点视频时都可以运用该功能，实现美好瞬间的定格效果。在剪映中制作定格效果比较简单，具体操作流程如下：

> **实例演示**
> **在视频中导入定格画面**

🎬 **步骤01** 进入剪映视频剪辑界面，在视频轨中导入视频素材，如图4-78所示。

🎬 **步骤02** 将时间轴定位在需要定格的画面位置，单击高频工具栏中的"定格"按钮，如图4-79所示。

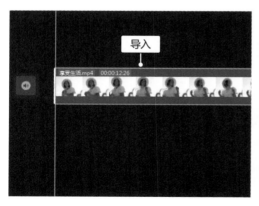

图 4-78

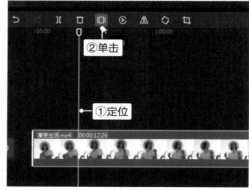

图 4-79

🎬 **步骤03** 程序自动添加3s定格画面，根据视频效果的需要，还可以调整定格画面时长，如图4-80所示。

🎬 **步骤04** 定格可以添加多个，在后期剪辑中常常将定格与音乐、特效结合起来使用，如图4-81所示。

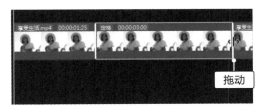

图 4-80　　　　　　　　　　　　图 4-81

4.9.2　镜像翻转改变画面方向

在生活中，镜像就是将视频画面水平翻转，翻转前和翻转后的画面呈水平对称。日常拍摄时，使用前置摄影头自拍视频，得到的画面效果就是镜像的。在剪映中，可通过镜像功能将目标视频水平翻转。

实例演示

镜像翻转目标视频素材

步骤01 进入剪映视频剪辑界面，在视频轨中导入视频素材，如图4-82所示。

步骤02 单击高频工具栏中的"镜像"按钮，或者右击视频素材，在弹出的快捷菜单中选择"翻转"命令，如图4-83所示。

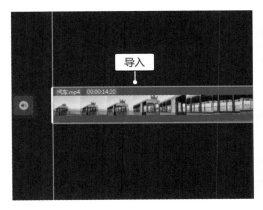

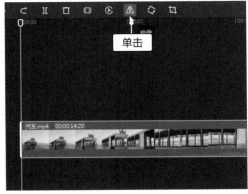

图 4-82　　　　　　　　　　　　图 4-83

将执行镜像命令后的视频与原视频效果做对比，可以看出二者呈水平对称，如图 4-84 所示。

图 4-84

4.10 关键帧：制作丰富动画效果

关键帧是后期剪辑中非常常用的一个功能，它可以帮助我们制作丰富的动画效果。当一段视频中有两个及以上的关键帧时，若每个关键帧的参数信息不同，那么两个关键帧之间的进程就可以产生变化效果，这就是关键帧的作用。

4.10.1 什么是关键帧

关键帧中的"帧"是指最小单位的单幅影像画面，视频是由连续快速播放的若干个帧组合而成的。顾名思义，关键帧就是指关键的那一帧，它决定了角色或者物体运动变化中的起始和结束状态。从这可以看出，当只有一个关键帧时，是无法改变视频的播放效果的，至少要有两个关键帧，且关键帧的参数信息不同，才能赋予视频不同的效果。

在后期剪辑软件中，可以根据视频效果的需要来标记关键帧，然后为关键帧设置不同的参数。图 4-85 为关键帧示意图。

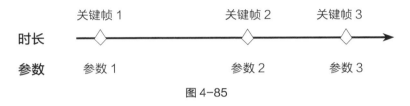

图 4-85

4.10.2　如何使用关键帧功能

通过文字可能很难弄清楚关键帧的作用，但只要在剪辑软件中应用一次关键帧，就能理解关键帧的重要性了，下面来看下如何通过关键帧制作放大缩小动画效果。

实例演示
关键帧制作放大缩小动画效果

步骤01 进入剪映视频剪辑界面，在视频轨中导入素材，如图 4-86 所示。

步骤02 在功能面板中单击"缩放"和"位置"参数后的"添加关键帧"按钮，如图 4-87 所示。

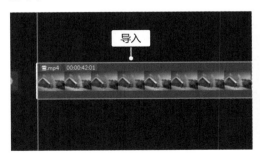

图 4-86

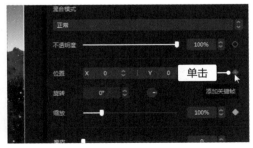

图 4-87

步骤03 拖动时间轴调整时间线位置，如图4-88所示。

步骤04 设置位置和缩放参数，程序会自动添加关键帧，如图4-89所示。

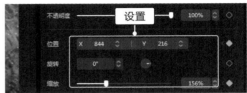

图 4-88

图 4-89

步骤05 将时间轴定位到视频素材尾部，如图4-90所示。

步骤06 设置位置和缩放参数，程序再次添加一个关键帧，如图4-91所示。

图 4-90

图 4-91

完成以上步骤后，可以得到先放大再缩小的视频动画效果，如图4-92所示为效果展示。

图 4-92

第 **5** 章
让画面效果更理想的后期剪辑

　　视频不同于静态图像，它包含了多帧图像，要让视频作品呈现更理想的效果，还要学会合理运用色彩、字幕和转场。通过前面的内容，我们对剪映专业版的一些基本功能和使用方法已经有了清晰的认识。接下来将从色彩、字幕和转场3个方面来讲解如何通过后期提升作品的视觉效果。

高级调色：让视频效果更出彩

色彩的基础认知和应用
对比色调，冷暖色反差对比
忧郁蓝调，营造阴天情绪氛围
鲜艳色调，浓郁色彩增强活力感

字幕编辑：图文并茂让视频印象更深刻

语言识别快速提取文字
如何为视频添加字幕
字幕基础设计操作指南

5.1　高级调色：让视频效果更出彩

人们的视觉对色彩的反应是直接而敏感的，有吸引力的色彩总能让人印象深刻。在摄影中，色彩也是极为重要的一个元素，不同的色彩带给人们的心理感受完全不同，比如绿色清新、红色热情。受拍摄环境、摄影器材等因素的影响，有时拍摄的视频并不能达到理想的色彩效果，这时就需要后期调色来对视频色彩进行处理。

5.1.1　色彩的基础认知和应用

在运用剪映对视频色彩进行调整前，要对色彩的基础知识有一定的认知，这样在后期调色时才更加得心应手。色彩有色相、明度和饱和度三要素，后期调色时可从这三要素来考虑。

◆ 色相是指色彩的相貌，也是识别色彩最重要的特征，如红、黄、蓝、绿就是对色相的描述。在摄影中，还可以听到色调这个词，色调是人们的视觉对画面色彩产生的整体印象，它反映了一种色彩倾向，如画面中有大面积的红色、橙色，就会给人暖色调的感受。摄影后期常常需要根据内容主题来调整影像的色调，如将树林和草地调出夏日清爽色调、将老旧街道调出复古色调。后期色调没有绝对正确的说法，主要根据画面氛围要表达的风格来进行调整。

◆ 明度是指色彩的明亮、深浅程度，不同的色彩其明度差异会很大，如黄色会比紫色看起来明亮。同一色彩也有明度的区别，如深蓝和浅蓝，浅蓝的明度会更高。

◆ 饱和度是指色彩的鲜艳程度，也被称为纯度，几乎所有的后期调色工具都有饱和度这一参数。饱和度越高，色彩越鲜艳；饱和度越低，色彩越淡。在光线良好的环境下拍摄视频，其影像色彩会更饱和，相反，在阴天或者光线不足的环境下拍摄视频，影像的饱和度会偏低。

图 5-1 为色相、明度和饱和度对比图，通过该图可以帮助我们理解色彩的三要素。

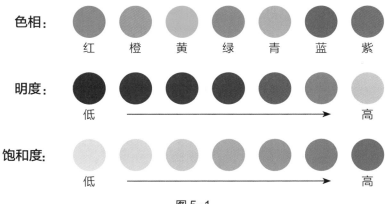

图 5-1

剪映专业版将调色工具分为色彩和明度两大类，色彩有色温、色调和饱和度三个参数，明度有亮度、对比度、高光、阴影和光感五个参数，如图 5-2 所示。

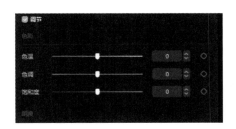

图 5-2

要用好剪映的调色工具，还应了解这几个参数的应用效果，这样在后期调色时思路也会更清晰，下面来分别了解这几个参数。

（1）色温

色温可以简单理解为色彩的温度，在拍摄视频的过程中，光线是影响色温的主要因素，色温会影响作品的整体色调。图 5-3 所示为色温的变化。从图上可以看出，K 值越高，色温越高，色调越冷。

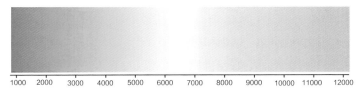

图 5-3

在视频拍摄和后期剪辑中，灵活应用色温能帮助我们创作出理想的视频色调与风格。如在拍摄视频时，可通过控制摄影设备"白平衡"这一参数来调整色温。图 5-4 所示为不同色温呈现的色彩效果。

图 5-4

（2）色调

色调的含义前面讲解过，在剪映专业版中，可通过调整色调来让画面色彩偏红或偏青，比如要增加红色，可向右调整色调；要增加绿色，可向左调整色调。图 5-5 所示为不同色调呈现的色彩效果。

图 5-5

（3）饱和度

视频要表达的主题不同，对饱和度的调节也会不同，比如美食类视频一般要让饱和度高一点，这样才能让美食看起来更诱人；而人文纪实类视频一般要让饱和度低一点，呈现出淡雅和古朴。所以饱和度不是越高或者越低就越好，饱和度过高可能会让画面看起来过于艳丽，饱和度过低又会让画面失去颜色变成灰调，我们要根据作品特征灵活调整饱和度，如图5-6所示为不同饱和度呈现的色彩效果。

图5-6

（4）亮度

针对明度这一色彩要素，剪映提供了五个参数，其中，亮度用于调整画面整体的明暗，如果视频曝光不足，就可以通过调整该参数来提亮画面色彩。图5-7所示为不同亮度色彩效果。

图5-7

（5）对比度

对比度是指画面中最亮的部分与最暗的部分的对比值，亮与暗差异范围越大代表对比越大，反之代表对比越小。在色彩后期制作中，可以将对比度简单地理解为明暗的反差程度，增加对比度，画面的明暗反差会越大，即亮部更亮，暗部更暗。对比度的调节比较简单，但要把握好度，对比度过高可能会让高光过度曝光，暗部失去细节，对比度过低可能会导致画面缺乏表现力，没有光影层次，如图5-8所示为不同对比度色彩效果。

图 5-8

◆ 高光和阴影

在表现画面细节时，高光和阴影具有重要作用，高光是人眼看到的最亮的部分，阴影则是指最暗的部分。这两个参数可用于调整画面局部的亮度，与"亮度"这一参数的应用有所不同。

在剪映专业版中，可对高光参数做正负调整，阴影则只能正向调整，即提亮，如图 5-9 所示为不同高光、阴影色彩效果。

图 5-9

◆ 光感

光感参数用于对光线的强度进行调整，在拍摄自然风光、花草等题材的视频时，常常会选择在晴天进行拍摄，其目的就是让作品具有光感，光感可以让自然风光、花草看起来有灵气，如果没有光感，画面就会普通很多。如图 5-10 所示为不同光感强度的色彩效果。

图 5-10

除以上基础色彩调节工具外，剪映专业版还提供了 LUT、HSL 调色工具。LUT 是 Look Up Table 的缩写，它可以用来转换颜色，从而改变画面色彩，比如拍摄的视频看起来灰蒙蒙的，这时可以利用 LUT 快速还原色彩，在剪映中使用 LUT 调色工具需要导入预设的 LUT 文件，剪映支持导入 cube 和 3dl 格式。

HSL 提供了八种颜色，包括红、橙、黄、绿、青、蓝、紫和洋红，同时提供了色相、饱和度和亮度三个调整参数，LUT 和 HSL 调色工具都可以帮助创作者实现影片级的色彩效果。如图 5-11 所示为 LUT 和 HSL 调色工具。

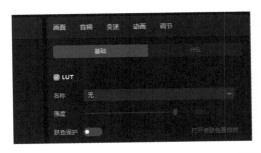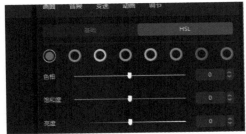

图 5-11

5.1.2 对比色调，冷暖色反差对比

在色彩中，人们习惯将红色、橙色和黄色称为暖色调，蓝色、绿色、青色称为冷色调。实际上，冷暖是一个相对的概念，只有比较才能确定色彩的倾向。在后期调色中，可以通过建立色彩的冷暖对比来凸显主体或者使画面层次更丰富，下面就来看看如何使用剪映的调色工具来调整色彩的冷暖对比。

实例演示

冷暖色调增强视觉冲击力

步骤01 进入剪映视频剪辑界面，在视频轨中导入视频素材，如图5-12所示。

步骤02 单击"调节"选项卡，打开调节工具栏，结合画面效果对色彩进行调整，这里仅调节明度参数，滑动参数滑块或在参数文本框中输入具体的数值，使色彩反差对比更强烈，如图5-13所示。

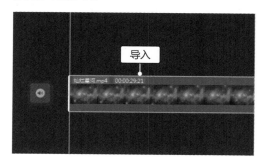

图 5-12

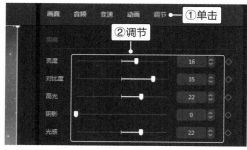

图 5-13

　　上述案例中，增强了色彩的亮度、对比度、高光和光感，这是因为画面色彩整体看起来对比不够强烈，高光也略显暗淡，无法体现星河的色彩斑斓。查看调色前后的色彩效果，可以看到画面更具视觉冲击力和意境。图 5-14 所示为原视频和调色后的色彩对比效果。

图 5-14

5.1.3　忧郁蓝调，营造阴天情绪氛围

　　从色彩的心理效应来看，蓝色会给人忧郁、冷静的视觉感受，不同明度、饱

和度的蓝色各有韵味，要让视频的色彩氛围具有蓝色的忧郁感，就要控制色彩的饱和度和明度，画面更低沉昏暗。

实例演示

调出低沉昏暗的忧郁蓝色调

步骤01　进入剪映视频剪辑界面，在视频轨中导入视频素材，如图5-15所示。

步骤02　单击"调节"选项卡，在调节工具栏中调整色彩参数，这里对色彩和明度参数进行设置，如图5-16所示。

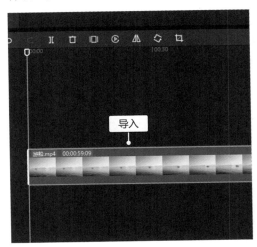

图 5-15

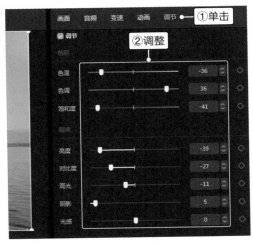

图 5-16

要让视频色彩偏蓝色调，在调色时可以降低色温，而为了表现忧郁感，色彩的饱和度和亮度也不宜过高，让画面呈现出低饱和的蓝紫调更能营造低沉、安静的氛围。图 5-17 所示为调色前后的色彩效果对比。

图 5-17

5.1.4 鲜艳色调，浓郁色彩增强活力感

鲜艳明亮的色彩能够带来生动、活力的视觉感受，而且，相比昏暗的色彩，鲜艳的色彩往往更能吸引并抓住人们的注意力。那么在后期调色中如何让视频画面看起来色彩鲜艳，呈现出活力感呢？来看看下面这个案例。

实例演示
用鲜艳色调传达温暖和活力

步骤01 进入剪映视频剪辑界面，在视频轨中导入素材，如图5-18所示。

步骤02 单击"调色"选项卡，先对色彩和明度做简单调整，如图5-19所示。

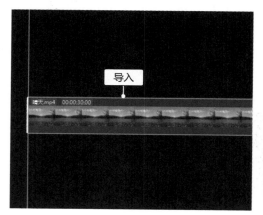

图 5-18

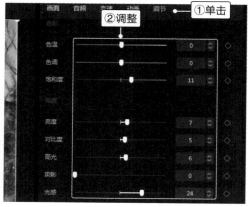

图 5-19

步骤03 单击"HSL"选项卡，选择颜色，调整色相、饱和度或亮度参数，这里选择黄色并调整其参数，如图5-20所示。

步骤04 选择蓝色并调整其参数，如图5-21所示。

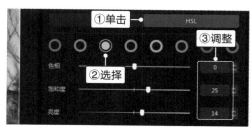

图 5-20

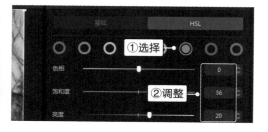

图 5-21

要让画面色彩看起来更鲜艳、明亮，一般需要调整色彩的亮度和饱和度，本案例中使用了 HSL 工具对黄色和蓝色进行了调整，该工具的优势在于，选中对应的颜色并设置参数后，就只会对该颜色做相应的调整，不会影响其他颜色。图 5-22 所示为调色前后的色彩对比。从图上可以看到，右图的颜色看起来更鲜艳明亮，也更能传递出温暖和活力感。

图 5-22

5.1.5 清新色调，打造淡雅唯美风格

清新色调带给人的视觉感受很舒服，不会因为饱和度过高让画面显得浑浊和厚重，也不会因为色彩过于沉闷而让人觉得压抑。清新色调具有清透明亮的特点，这样的色彩类型深受人们的喜欢。下面结合 LUT 工具来看看如何调出清新色调。

实例演示
清透明亮的小清新色调

步骤01 进入剪映视频剪辑界面，在视频轨中导入素材，如图5-23所示。

步骤02 单击工具栏中的"调节"选项卡，如图5-24所示。

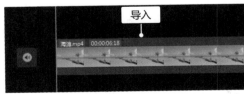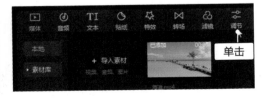

图 5-23   图 5-24

步骤03 单击"LUT"选项卡，单击"导入LUT"超链接，如图5-25所示。

步骤04 在本地电脑中选择要导入的LUT预设文件，单击"打开"按钮，如图5-26所示。

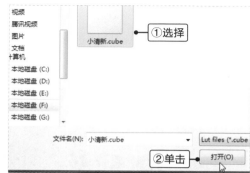

图5-25　　　　　　　　　　　　　图5-26

步骤05 拖动LUT预设文件到视频素材上方，可以看到程序自动添加"调节3"图层，如图5-27所示。

步骤06 拖动"调节3"LUT预设文件尾部裁剪框，调整时长，使其与视频素材时长一致，如图5-28所示。

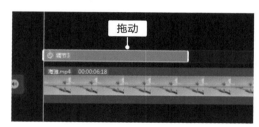

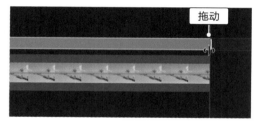

图5-27　　　　　　　　　　　　　图5-28

步骤07 在调节功能面板中滑动"强度"滑块调整LUT的强度，如图5-29所示。

步骤08 对色彩的色温、色调和饱和度进行调整，如图5-30所示。

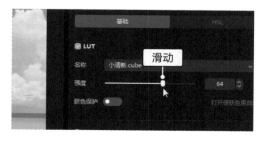

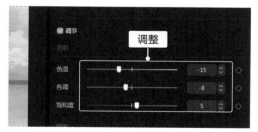

图5-29　　　　　　　　　　　　　图5-30

步骤09 对色彩的亮度、对比度和高光进行调整，如图5-31所示。

步骤10 单击"HSL"选项卡，选择蓝色并调整色相、饱和度和亮度，如图5-32所示。

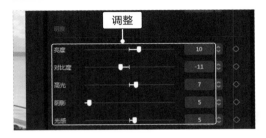

图 5-31

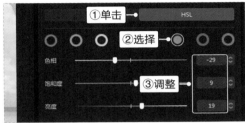

图 5-32

步骤11 选择青色并调整色相、饱和度和亮度，如图5-33所示。

步骤12 在播放器预览面板中单击"播放"按钮预览调色效果，若色彩不理想还可以做进一步调整，如图5-34所示。

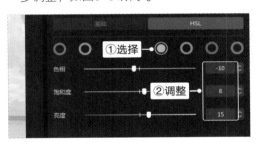

图 5-33

图 5-34

小清新色调具有纯净的美感，其色彩更偏冷调，因此应用的 LUT 文件也应有冷调的属性，为了让色彩有透明质感，色彩的明度要高且不宜过饱和。图5-35所示为调色前后的色彩对比。

图 5-35

TIPS 如何导入多个LUT文件

　　LUT 是后期进行色彩校正、创意渲染的常用工具，它类似于一种调色模板，互联网上有丰富的 LUT 资源，创作者可以根据需要下载并使用。在剪映中导入 LUT 文件时，可以按住【Ctrl】键同时选择多个 LUT 文件，导入后也可以在 LUT "名称"下拉列表中查看并选择 LUT 文件，如图 5-36 所示。

 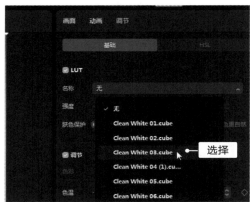

图 5-36

5.1.6 赛博朋克，炫酷霓虹亮色点缀

　　赛博朋克是一种具有科幻风格的色调，其特点是整体色彩亮度较低，一般采用冷暖色搭配，使画面有冷暖对比。赛博朋克色调常用于夜景场景、灯光场景等，独特的色彩特征使其成为时尚潮流色，这种色调能营造一种偏离现实的未来科幻感，在设计中也运用广泛。

实例演示

让夜景视频具有科幻感

步骤01 进入剪映视频剪辑页面，在视频轨中导入夜景素材，如图5-37所示。

步骤02 在工具栏中单击"调节"选项卡，单击"LUT"选项卡，单击"导入LUT"超链接，如图5-38所示。

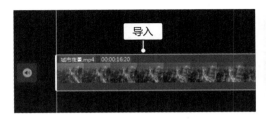

图 5-37

图 5-38

步骤03 在本地电脑中选择LUT文件，单击"打开"按钮，如图5-39所示。

步骤04 选择导入的LUT文件，单击"+"按钮，如图5-40所示。

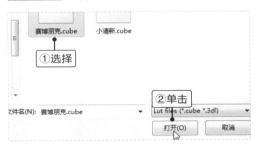

图 5-39

图 5-40

步骤05 程序自动添加调节图层，调整"调节1"调色图层时长，使其与素材时长一致，如图5-41所示。

步骤06 完成后预览色彩效果，如图5-42所示。

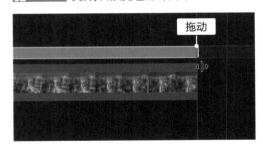

图 5-41

图 5-42

　　赛博朋克的整体色调相对偏暗，对比度和饱和度会偏高，这样才能在视觉上制造反差感，提升色彩在视觉上的冲击力。从设计手法来看，赛博朋克常常会通过大胆的冷暖色搭配来营造奇幻、偏离现实的感觉，这一特点也可以为调色提供思路。图 5-43 所示为调色前后的色彩效果对比。

图 5-43

5.2 字幕编辑：图文并茂让视频印象更深刻

字幕是视频的重要组成部分之一，它可以帮助观众理解视频内容，另外，如果视频原声不够清晰，字幕对音源内容有辅助表达的作用，而且添加字幕能增加视频的表现力，给创作者更多发挥的空间。

5.2.1 语言识别快速提取文字

当视频中有大量对白或者音乐歌词时，一条一条手动添加文字字幕是比较麻烦的，这时使用剪映提供的自动识别字幕功能，可以大大提高字幕编辑的效率，下面来看看具体的操作。

实例演示

自动识别人声并添加文字字幕

📎 **步骤01** 进入剪映视频剪辑页面，在视频轨中导入有人声的视频素材，如图5-44所示。

📎 **步骤02** 单击工具栏中的"文本"选项卡，如图5-45所示。

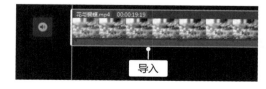 

图 5-44   图 5-45

步骤03 在打开的工具面板中单击"智能字幕"选项，单击"识别字幕"中的"开始识别"按钮，如图5-46所示。

步骤04 等待程序自动进行字幕识别，识别完成后可以在视频轨上方看到自动添加的文字字幕，如图5-47所示。

图 5-46

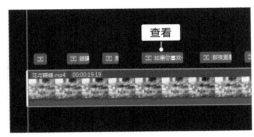

图 5-47

智能识别的字幕有时可能会不太准确，这时就需要手动修改字幕。本案例中没有对文字的样式进行设置，实际剪辑时为了保证字幕的可识别性会对文字的样式、颜色和大小等进行调整。图 5-48 所示为智能识别视频中的人声并生成字幕后的效果。

图 5-48

5.2.2　如何为视频添加字幕

视频中的字幕按照用途来分可分为标题字幕、对白字幕、歌词字幕、片头字幕、片尾字幕、说明性字幕等。无法智能识别的字幕，如标题字幕、说明性字幕等，一般要手动添加，那么如何使用剪映专业版为视频添加文字字幕呢？下面具体来看看。

实例演示

手动为视频添加字幕

步骤01 进入剪映视频剪辑界面，在视频轨中插入视频素材，如图5-49所示。

步骤02 单击"文本"选项卡，在打开的工具栏中可选择默认文本、花字文字或者收藏的文本样式，这里选择一种花字文本，单击"+"按钮，如图5-50所示。

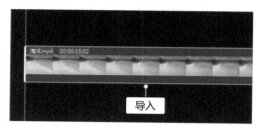

图 5-49

图 5-50

步骤03 程序自动在视频轨上方添加文本轨，在功能面板的文字文本框中输入文字内容，如图5-51所示。

步骤04 滑动"缩放"滑块调整文本大小，也可在播放器预览窗口拖动文本边框线调整文本大小，如图5-52所示。

图 5-51

图 5-52

完成以上操作后查看字幕效果，在剪辑时可根据内容题材选择不同的文本样式。图5-53所示为添加花字字幕前后的效果对比。

图 5-53

5.2.3 字幕基础设计操作指南

在为视频添加字幕时，要注意字体样式、色彩、大小等与视频素材的搭配，合理搭配才能准确传达信息，给观众带来协调的视觉感受，如动画片适合使用活泼的美术字，古装片适合毛笔字、仿宋字体等，一般短视频的对白字幕使用系统默认的字体即可。

在剪映中选中文本后，功能面板中会打开"文本"工具栏，在工具栏中可对文本的字体、颜色、样式、不透明度、缩放、位置、旋转、样式以及描边等进行设置，比如为宣传片制作标题文字，宜使用大气、规整的字体，同时可通过设计阴影来让文字更有立体感，如图 5-54 所示。

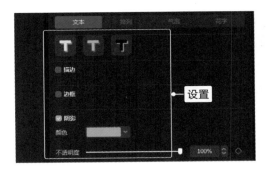

图 5-54

另外，剪映专业版提供了很多文字模板，包括热门、片头标题、片中序章、片尾谢幕、好物种草等，可以直接选择合适的文字模板为视频添加字幕，添加文字模板后，在功能面板中修改文字内容即可，如图 5-55 所示。

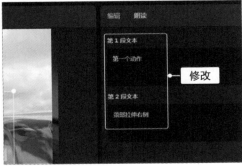

图 5-55

5.2.4 为文字添加"动画"效果

视频本身就是动态的，如果搭配静态字幕给人的感觉会比较平淡、单一，为视频添加具有动画效果的字幕给人的印象会更深刻，下面来看看如何使用剪映专业版给文字添加动画效果。

实例演示

制作动画文字字幕效果

步骤01 进入剪映视频剪辑界面，在视频轨中导入视频素材，如图5-56所示。

步骤02 单击"文本"选项卡，单击"默认文本"中的"+"按钮，如图5-57所示。

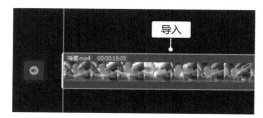
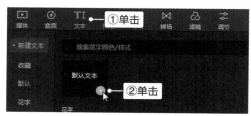

图 5-56　　　　　　　　　　　　　　　　图 5-57

步骤03 在"文本"文本框中输入文字内容，设置字体、颜色、缩放等，如图5-58所示。

步骤04 再次添加默认文本，输入文字内容，设置字体、颜色、缩放等，如图5-59所示。

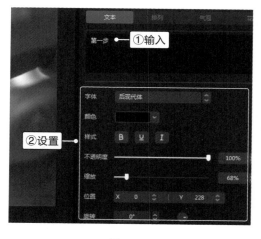
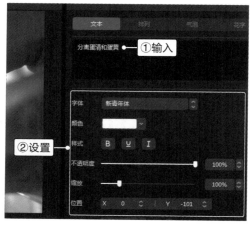

图 5-58　　　　　　　　　　　　　　　　图 5-59

步骤05 在轨道中选择"第一步"文本，单击"动画"选项卡，选择入场动画效果，这里选择"渐显"选项，如图5-60所示。

步骤06 在轨道中选择"分离蛋清和蛋黄"文本，切换至"动画"面板，选择"放大"选项，如图5-61所示。

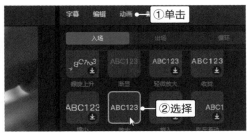

图 5-60　　　　　　　　　　　图 5-61

步骤07 选择"分离蛋清和蛋黄"文本，拖动调整文字出现的时间位置，这里让"第一步"文本先于"分离蛋清和蛋黄"文本显现，如图5-62所示。

步骤08 拖动"分离蛋清和蛋黄"文本尾部，调整文本轴时长，如图5-63所示。

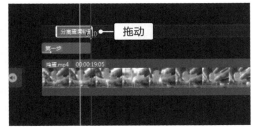

图 5-62　　　　　　　　　　　图 5-63

完成以上步骤后预览添加动画后的字幕效果，可以看到"第一步"先于"分离蛋清和蛋黄"展示，且两个字幕的动画效果有所不同，如图5-64所示。

图 5-64

5.2.5 实现文字字幕气泡效果

气泡文字效果类似于一种文本贴纸，它可以让文字字幕变得更有有趣、可爱，剪映中提供了不同样式的气泡，有卡通、对话框、书签等风格，下面来看看如何制作气泡字幕。

实例演示
文字对话框气泡字幕效果

步骤01 进入剪映视频剪辑界面，在视频轨中导入素材，这里导入一张图片素材，如图5-65所示。

步骤02 单击"文本"选项卡，单击"默认文本"中的"+"按钮，如图5-66所示。

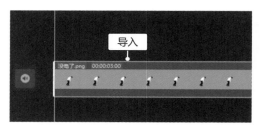

图 5-65

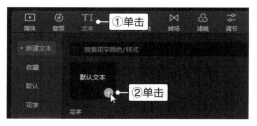

图 5-66

步骤03 在"文本"文本框中输入文字内容，这里输入"没电了…"，如图5-67所示。

步骤04 单击"气泡"选项卡，可以看到种类丰富的气泡模板，选择一个气泡效果，如图5-68所示。

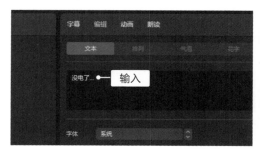

图 5-67

图 5-68

步骤05 单击"文本"选项卡，在文本工具栏中设置字体和颜色，如图5-69所示。

步骤06 在播放器预览窗口调整气泡大小、位置和旋转角度，如图5-70所示。

图 5-69

图 5-70

本案例的图片素材为卡通风格的，因此选择了更具趣味性的字体和气泡。图 5-71 所示为效果对比。

图 5-71

5.3　多样转场：让视频内容衔接更流畅

转场是指视频不同场景之间的转换，有了转场才能让画面的切换更加自然，因此，转场也是视频画面自然过渡的重要手段。转场分为无技巧转场和技巧转场，无技巧转场是指不依靠后期特效来实现转场，反之，技巧转场就是利用后期剪辑软件中的转场特效来完成场景转换。

5.3.1　使用剪映直接添加技巧性转场

技巧转场的方式有多种，如叠化转场、淡入转场、淡出转场、擦除转场等，运用技巧转场时要注意镜头之间的内在联系，只有运用合理才能达到理想的效果，下面来看看如何使用剪映专业版为视频添加转场，实现场景之间的转换。

实例演示
添加横向拉幕转场效果

步骤01 进入剪映视频剪辑页面，在视频轨导入两段视频素材，如图5-72所示。

步骤02 单击"转场"选项卡，选择合适的转场效果，这里单击"横向拉幕"转场中"+"按钮，如图5-73所示。

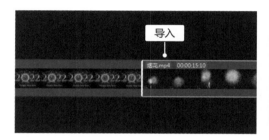

图 5-72

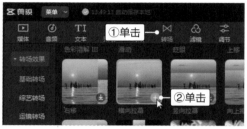

图 5-73

步骤03 程序自动在两个素材的中间添加转场效果，在功能面板中滑动"转场时长"滑块设置转场时长，如图5-74所示。

步骤04 拖动时间轴预览转场效果，若效果不理想可选择其他转场类型，如图5-75所示。

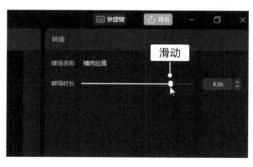

图 5-74

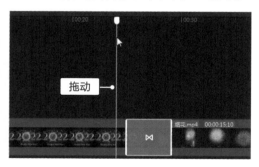

图 5-75

在"转场"库中可以看到基础转场、综艺转场、运镜转场和遮罩转场等类型的转场，转场应为镜头所服务，所以，技巧转场也不是越多越好，应根据镜头内容来合理设计。图5-76所示为应用横向拉幕转场后的效果。

图 5-76

5.3.2　镜头衔接转场技巧

转场最主要的作用就是衔接镜头，通过自然过渡让视频看起来流畅、自然。前面介绍过，转场分为无技巧转场和技巧转场，其中，无技巧转场是指单纯依靠镜头语言来实现转场，这一转场方式虽然被称为无技巧转场，但在实际应用时并非不借助任何技巧。实际上，无技巧转场对摄影师和剪辑师自身的能力要求会更高，需要摄影师拍摄合适的素材，再由剪辑师进行挑选并剪辑。下面介绍几种实用的无技巧转场方式。

◆ **硬切转场**：一种直接的转场方式，让前后视频直接进行切换，不会添加任何后期转场效果或者遮挡等。如果画面与画面之间没有关联性，那么硬切转场可能会让视频观看起来不够自然，因此，挑选硬切转场的素材时，最好选择有一定关联性的画面。

◆ **相同物体转场**：相比硬切转场，这种转场方式要自然很多，具体手法是前后两个视频画面都拍摄相同的景物，以水杯为例，第一镜头结束时主体景物为水杯，第二镜头开始时主体景物也是水杯，这个水杯所处的场景或视角可以有所不同。

◆ **相同运动方向转场**：是指把相同运动方向的镜头衔接在一起，比如选取两段运动方向都向前且都为跟镜头的视频素材，视频中的主体可以是人、车或者其他景物，由于景物的运动方向具有连贯性，所以场景的转换也会比较自然。

◆ **遮挡转场**：遮挡转场前后两个视频的衔接处为遮挡物，这一遮挡物可以为手、建筑、门或者其他景物，第一个视频画面以遮挡作为结束，第二个视频画面以遮挡作为开始。

◆ **空镜头转场**：空镜头是指只有景物没有人物的镜头，空镜头转场是一种具有明显间隔效果的转场方式，它可以用于交代环境、创造意境，起到承上启下的作用。

无技巧的转场方法还有很多，如特写镜头转场、主观镜头转场、同一颜色转场、动作转场等，创作者可灵活运用。

5.3.3　制作文字遮罩转场效果

遮罩可以帮助我们把图像遮盖起来，文字遮罩转场是以文字作为遮挡物的一种转场方法，是后期剪辑中较为常用的一种转场方式。剪映专业版中也提供了一些遮罩转场效果，如云朵、圆形遮罩、画笔擦除等，使用方法与 5.3.1 实例演示的方法一致，操作起来比较简单。下面来看看如何通过文字遮罩转场来生动地展示文字和视频。

实例演示
制作文字遮罩动态转场

步骤01 进入剪映视频剪辑界面，分别导入视频素材和文字绿幕素材，如图5-77所示。

步骤02 选择文字绿幕素材，在功能面板中拖动"缩放"滑块，调整素材为合适大小，如图5-78所示。

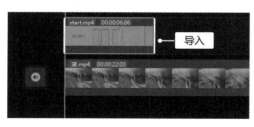

图 5-77

图 5-78

步骤03 单击"抠像"选项卡，选中"色度抠图"复选框，吸取文字的颜色，这里吸取红色，调整强度得到镂空文字效果，如图5-79所示。

步骤04 选择视频素材，单击"变速"选项卡，滑动"倍数"滑块调整视频速度，单击"导出"按钮，如图5-80所示。

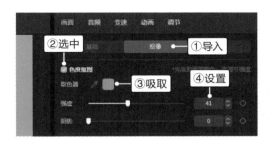

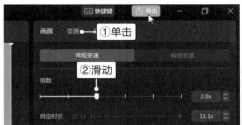

图 5-79　　　　　　　　　　　　　　　　　　图 5-80

步骤05 在打开的对话框中输入作品名称，选择导出位置，设置导出分辨率、码率等，单击"导出"按钮，如图5-81所示。

步骤06 新建剪辑，导入视频素材和保存的色度抠图素材，选择色度抠图镂空素材，如图5-82所示。

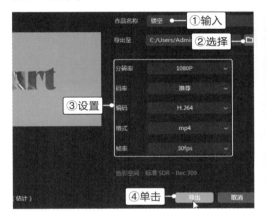

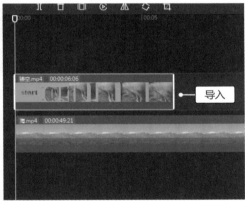

图 5-81　　　　　　　　　　　　　　　　　　图 5-82

步骤07 单击"抠像"选项卡，吸取绿色，调整色度抠图的强度，如图5-83所示。

步骤08 拖动视频素材尾部裁剪框调整素材时长，如图5-84所示。

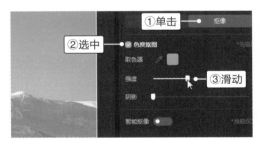

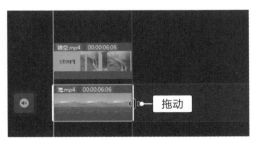

图 5-83　　　　　　　　　　　　　　　　　　图 5-84

完成以上步骤后查看视频效果，可以看到"start"作为遮罩逐渐放大显现文字中的场景，直到呈现完整视频画面。图 5-85 为转场效果预览。

图 5-85

要实现文字遮罩转场效果，首先要制作动态文字绿幕素材，本案例中的文字绿幕素材为逐渐放大的效果，制作时主要使用了文本和关键帧这两个工具。

5.3.4 应用其他技巧性转场

剪映专业版中提供的转场效果很丰富，明确不同转场的具体效果，才能在应用时得心应手，下面以较为常用的几种技巧转场为例，来看看他们各自的效果。

◆ 叠化

叠化是基础转场中的一个转场效果，能够实现上一个镜头消失之前逐渐显露下一个镜头。在转场过渡时，可以看到两个镜头间会有重叠的部分，适合用于表现时间流逝、人物幻想，即使镜头间没有太强的关联性，也能实现比较自然的过渡效果。按照转场时间长短，镜头间的叠化可分为长叠化和短叠化，如图 5-86 所示为叠化转场效果。

图 5-86

◆　划像

根据划像方向的不同，可分为上移、下移、左移和右移，其效果是前一画面从某一方向退出荧屏，下一画面紧接着进入荧屏。图 5-87 为左移转场效果。

图 5-87

◆　打板转场

在综艺、搞笑视频中比较常见的一种转场，剪映专业版中提供了两种打板转场，其效果是前一个画面和后一个画面之间会有一个打板镜头。图 5-88 所示为打板转场的效果。

图 5-88

◆ 翻页转场

翻页转场的效果是让前一个画面从一角卷起，然后逐渐显现下一个画面，类似于翻开书本的效果，所以被称为翻页转场，这一转场效果常用于电子相册、回忆录中。图 5-89 所示为翻页转场效果。

图 5-89

第 **6** 章

音频与特效让视频
效果锦上添花

在短视频平台刷视频时可以发现，很多热门视频都配有顺耳的音乐，好的音乐能够让视频观看起来更和谐、更有代入感。特效则能让视频画面更加震撼和具有表现力，很多视频如果失去了特效就会变得毫无吸引力。音乐和特效都是为视频内容所服务的，只要运用得当就能起到画龙点睛的作用。

配乐技巧：动感音效让视频更出彩

配乐对短视频的重要作用
如何为视频添加配乐
音量变声，实现搞怪声音特效
原声降噪，避免杂音影响效果

特效展现：剪出炫酷高级短视频

给视频添加多重特效
花瓣纷飞，唯美落花飘落效果
特效+贴纸丰富画面层次

6.1 配乐技巧：动感音效让视频更出彩

视频以视听结合为表达方式，一般来说没有人声、对白、解说的视频都可以添加配乐，有对白的视频也可以通过配乐来渲染情绪，从而使视频更出彩。对短视频而言，配乐就更为重要了，音乐是视频能否上热门的一个重要影响因素。

6.1.1 配乐对短视频的重要作用

虽然配乐在视频中只是扮演辅助的角色，但是其重要性却不容忽视。有的视频看起来内容可能一般，但如果配乐得当同样可以提起人们观看视频的兴趣。如美食类视频搭配轻松、舒缓的音乐，会更加治愈；时尚美妆类视频则适合搭配流行音乐、摇滚音乐等，可以让视频更有动感。

在抖音中，可以看到各式音乐榜单，包括热歌榜、飙升榜、原创榜，榜单内的音乐在抖音很受欢迎，一些剪辑版音乐通常只有高潮部分，很适合用于短视频配乐。图 6-1 所示为抖音音乐榜单。

图 6-1

视频配乐没有特定的搭配标准，在运用时也不要生搬硬套，那么创作者要如何选择合适的配乐呢？具体可从以下几方面来考虑：

◆ **内容和风格**：根据视频内容和风格来选取配乐，如果视频内容是搞笑欢乐的，那么选取的配乐可以轻快活泼些；如果视频的情感基调是温暖人心的，选择轻柔的音乐就很合适。

◆ **视频节奏**：音乐可以带动情绪和气氛，如果视频画面具有明显的节奏点，就要根据这一节奏寻找合适的音乐，比如短视频平台中比较火爆的卡点视频，卡点视频要求画面与音频切换的节奏一致，这样才能实现良好的视听效果，否则会产生很强烈的不协调感。一般来说，卡点视频会选择节奏明快、鼓点突出的音乐，这样更利于后期剪辑。

◆ **包容度**：如果实在不清楚应该选择什么样的音乐，那么就尽量选择包容度更高的音乐，如纯音乐、短视频热门音乐等。纯音乐对视频的兼容度更高，可以降低配乐不当的风险。短视频热门音乐是普遍受网友欢迎的音乐，使用这类音乐做配乐，更容易受到平台用户的喜欢，也利于视频传播和引流。

除了音乐外，在视频中还可能需要加入一些非歌曲性质的场景音效，如搞笑滑稽的疑问音效、掌声音效、节奏鼓点音效、啼哭音效等，恰到好处的音效可以表现戏剧性气氛，提高视频的趣味性。图6-2所示为一些常见的音效素材。

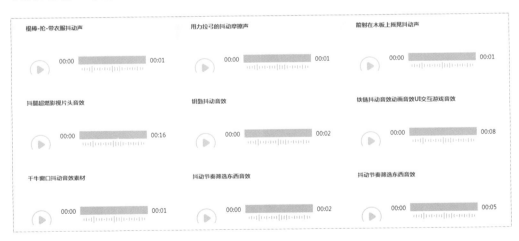

图 6-2

6.1.2 如何为视频添加配乐

配乐是视频的重要组成部分，在剪映专业版中，为视频配乐的方法有多种，后期剪辑时可以灵活运用。

（1）在音乐素材库中选择

这种方法操作简单，单击"音频"选项卡即可打开音乐素材库。音乐素材库按抖音、卡点、纯音乐、美食、环保等类别进行分类，选择合适的音乐素材单击"+"按钮或者将音乐素材拖动到音乐轨即可为视频添加配乐，如图6-3所示。

图6-3

（2）导入本地电脑中的音频

如果本地电脑中存储了合适的音频，那么直接将音频素材拖动到视频轨下方即可，其方法与导入视频素材相同，如图6-4所示。

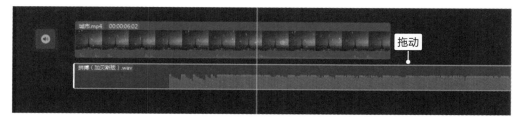

图6-4

（3）导入视频文件分离音频

观看视频时如果觉得该视频的配乐比较好听，可以将视频下载下来，通过剪映专业版的音频提取功能将音频素材分离出来，具体操作方法如下：

实例演示
从视频文件中分离音频

步骤01　在"音频"工具栏中单击"音频提取"选项卡，单击"导入素材"超链接，如图6-5所示。

步骤02　在打开的"请选择媒体资源"对话框中选择视频文件，单击"打开"按钮，如图6-6所示。

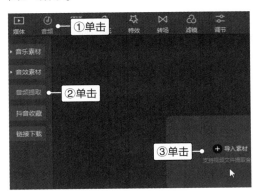

图 6-5

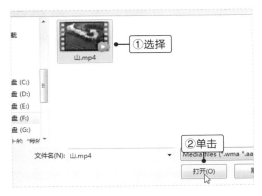

图 6-6

步骤03　在"音频提取"素材库中可查看提取的音频，单击"+"按钮，如图6-7所示。

步骤04　程序自动将提取的音频添加到音频轨中，拖动音频文件尾部裁剪框调整音频时长，最后导出视频即可，如图6-8所示。

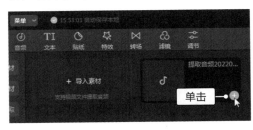

图 6-7

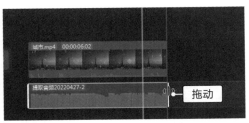

图 6-8

（4）下载抖音分享的视频或音乐链接

在抖音中，没有版权的音乐可以通过用户分享的视频或音乐链接下载到音频素材库中。在抖音视频播放界面点击"分享"按钮，在打开的下拉列表中点击"复制链接"按钮。打开剪映专业版"音频"工具栏，单击"链接下载"选项卡，粘贴链接后单击"下载"按钮，程序会自动解析并下载音频，如图6-9所示。

图6-9

6.1.3　音量变声，实现搞怪声音特效

在制作视频时，如果音频声音比较小，录制的人声音色不能满足视频需要，这时可以使用剪映调大音频音量，并把原来的人声变为其他音色的声音，如怪兽等。

实例演示
为视频制作怪兽声音

步骤01　进入剪映视频剪辑界面，在视频轨中导入带有人声的视频素材，右击素材，在弹出的快捷菜单中选择"分离音频"命令，如图6-10所示。

步骤02　选择分离的音频文件，如图6-11所示。

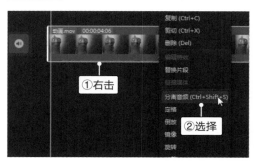

图6-10

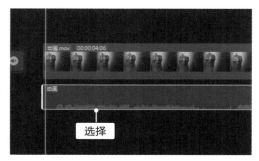

图6-11

步骤03 向右滑动"音量"滑块调大音频声音，如图6-12所示。

步骤04 选择"变声"工具栏中的"怪物"选项改变原声，如图6-13所示。

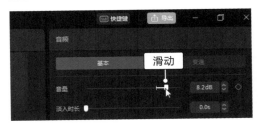

图 6-12

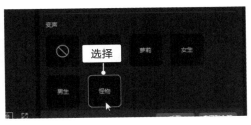

图 6-13

6.1.4 原声降噪，避免杂音影响效果

将视频导入视频轨，分离音频后却发现有噪声，这是剪辑视频时较常遇到的问题。导致音频有噪声的原因有很多，比如录制环境中本就存在杂音、录音设备没有降噪处理装置等，针对这一问题，可以在剪映专业版中做降噪处理。

实例演示

使用剪映为音频降噪

步骤01 进入剪映视频剪辑界面，在视频轨中导入视频素材，按【Ctrl+Shift+S】组合键分离音频，选择分离的音频文件，如图6-14所示。

步骤02 在音频工具栏中单击"音频降噪"按钮，程序自动进行降噪，如图6-15所示。

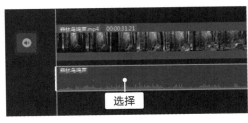

图 6-14

图 6-15

6.1.5 自动卡点，把控音乐节奏

卡点视频通过音频和画面的高度配合让视频更具节奏感，在剪辑有节奏感的

视频和音频时，可以使用剪映的自动卡点功能达到我们想要的效果。

实例演示

使用剪映自动踩节拍功能

步骤01 进入剪映视频剪辑页面，单击"音频"选项卡，在"卡点"素材库中选择一个卡点音乐，单击"+"按钮，如图6-16所示。

步骤02 将音频添加到轨道后，在"自动踩点"下列列表中选择"踩节拍Ⅰ"或"踩节拍Ⅱ"，这里选择"踩节拍Ⅰ"选项，如图6-17所示。

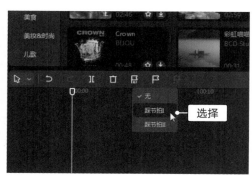

图6-16 　　　　　　　　　　　　　　　　图6-17

　　执行以上步骤后，程序会自动在音频上标记卡点节奏，然后导入视频素材，根据卡点标记对视频进行剪辑即可，如图6-18所示。

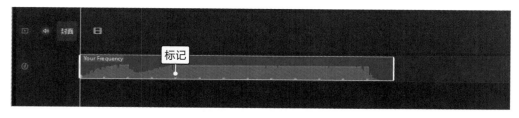

图6-18

6.2 特效展现：剪出炫酷高级短视频

　　后期特效对视频创作的重要性不言而喻，随着科技的发展，特效所呈现的视觉效果也越来越优质。制作短视频虽然不像影视创作那样需要非常高端的特效效果，但是，一些基础的特效会有点睛之感。

6.2.1 给视频添加多重特效

剪映专业版提供了种类丰富的特效效果，包括基础的放大镜、鱼眼、模糊特效，以及氛围、动感、潮酷、光影等特效。前面介绍过如何应用动漫特效，而在剪映中还可以根据视频需求添加多重特效，下面以叠加应用变清晰Ⅱ和心河两个特效效果为例，讲解具体操作。

实例演示
叠加应用变清晰Ⅱ和心河特效

步骤01 进入剪映视频剪辑界面，在视频轨中导入素材，这里导入竖屏视频素材，如图6-19所示。

步骤02 单击"特效"选项卡，在"基础"特效库中选择"变清晰"特效，单击"+"按钮，如图6-20所示。

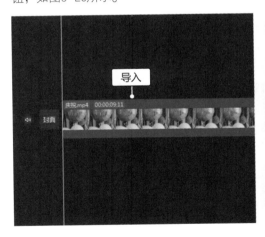

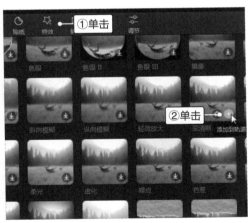

图6-19　　　　　　　　　　　　　　图6-20

步骤03 在"特效"功能面板中设置"变清晰Ⅱ"特效的模糊强度和对焦速度参数，如图6-21所示。

步骤04 切换至"氛围"特效，在"氛围"特效库中选择"心河"特效，单击"+"按钮，如图6-22所示。

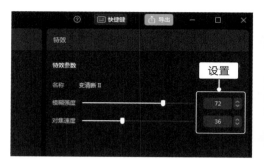

图 6-21

图 6-22

步骤05 在轨道中选择"心河"特效，拖动调整其开始位置，如图6-23所示。

步骤06 在"特效"功能面板中设置"心河"特效的参数，如图6-24所示。

图 6-23

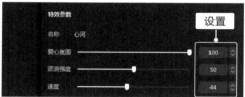

图 6-24

　　从上述操作可以看出，两个特效效果是叠加使用的，视频呈现出模糊→清晰→心河展现的效果，如图 6-25 所示。

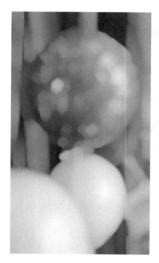

图 6-25

6.2.2　花瓣纷飞，唯美落花飘落效果

在后期剪辑中，无论应用何种特效效果，其目的都是为了更好地为作品服务，以增强视频的视觉效果。特效的应用要注意与故事内容、画面场景的匹配性，切忌滥用特效，使特效在画面中显得格格不入。下面以图片素材为例，来看看花瓣飘落的特效效果。

实例演示

运用特效实现花瓣纷飞效果

步骤01 进入剪映视频剪辑界面，在视频轨中导入图片素材，如图6-26所示。

步骤02 单击"特效"选项卡，在"自然"特效库中选择"飘落花瓣"特效，单击"+"按钮，如图6-27所示。

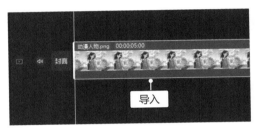

图 6-26

图 6-27

步骤03 拖动特效尾部调整特效效果的时长，如图6-28所示。

步骤04 在功能面板中调整图片素材的画幅比例，避免留有黑边，如图6-29所示。

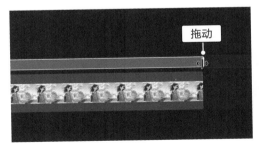

图 6-28

图 6-29

本案例中的素材为卡通漫画图片，"飘落花瓣"特效的风格能与其协调搭配，不会产生违和感。添加特效后，静态的图片也具有了动态效果，如图 6-30 所示。

图 6-30

TIPS 利用抠图工具实现飘落花瓣特效

　　如果素材库中的特效无法满足需求，还可以使用剪映的抠图工具来帮助实现花瓣飘落特效效果。这一方法需要准备绿幕背景的花瓣飘落视频素材，将该素材导入轨道后，使用色度抠图工具抠出绿色背景，然后导入主素材到视频轨，如图 6-31 所示。

图 6-31

6.2.3　特效 + 贴纸丰富画面层次

　　在很多 vlog、搞笑视频中都可以看到贴纸的身影，将贴纸与特效结合起来使用，可以丰富画面层次，让视频效果更出众，下面来看看具体操作。

实例演示

贴纸 + 特效制作成长记录短视频

步骤01　进入剪映视频剪辑界面，在视频轨中导入素材，如图6-32所示。

步骤02　单击"贴纸"选项卡，在搜索文本框中搜索贴纸要素或名称，在搜索结果中选择合适的贴纸，单击"+"按钮，如图6-33所示。

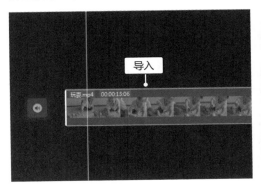
图 6-32

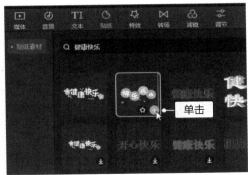
图 6-33

步骤03　搜索纸飞机贴纸素材，在搜索结果中选择合适的贴纸，单击"+"按钮，如图6-34所示。

步骤04　在播放器预览窗口调整两个贴纸的位置和大小，如图6-35所示。

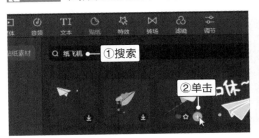
图 6-34

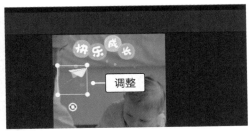
图 6-35

步骤05　在轨道中调整贴纸的时长，使其与视频时长一致，如图6-36所示。

步骤06　单击"特效"选项卡，在"氛围"特效中选择"星月童话"特效，单击"+"按钮，如图6-37所示。

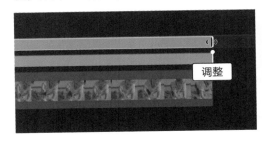
图 6-36

图 6-37

步骤07 设置"星月童话"特效的速度和不透明度参数，如图6-38所示。

步骤08 调整"星月童话"特效的时长，如图6-39所示。

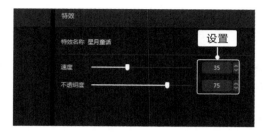
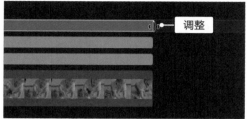

图 6-38　　　　　　　　　　　　　图 6-39

　　本案例的视频素材为萌娃玩耍的场景，因此选用的贴纸和特效素材都颇有童趣，相比单一的使用贴纸或者特效，贴纸 + 特效的结合使用让视频效果更丰富。图 6-40 为视频最终效果。

图 6-40

6.2.4　特效 + 转场让镜头过渡更自然

　　转场的作用是镜头切换，特效可以增强视频表现力，将这两种技巧结合起来使用可以在完成场景转换的同时增强视频表现力，来看下面这个案例。

实现镜头画面自然切换效果

步骤01 进入剪映视频剪辑界面，在视频轨中导入素材，这里导入两段视频素材，如图6-41所示。

步骤02 将两段素材并列放在视频轨上，如图6-42所示。

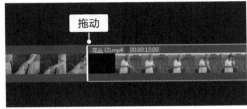

图 6-41   图 6-42

步骤03 单击特效选项卡，在特效素材库中选择"变清晰Ⅱ"特效，单击"+"按钮，如图6-43所示。

步骤04 拖动调整"变清晰Ⅱ"特效时长，如图6-44所示。

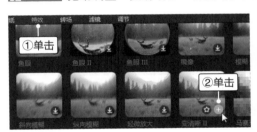
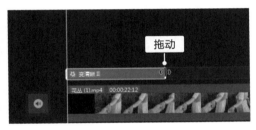

图 6-43   图 6-44

步骤05 设置"变清晰Ⅱ"特效对焦速度和模糊强度参数，如图6-45所示。

步骤06 选择第一段视频素材，如图6-46所示。

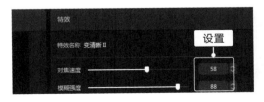
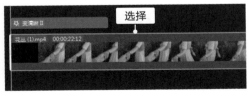

图 6-45   图 6-46

步骤07 调整视频素材的速度，这里将"倍数"参数设置为2.0，如图6-47所示。

步骤08 在特效素材库选择特效效果，这里选择"金粉"特效，单击"+"按钮，如图6-48所示。

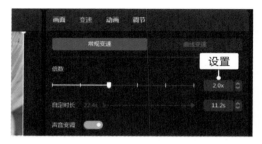

图 6-47　　　　　　　　　　图 6-48

步骤09 调整特效的位置和时长，如图6-49所示。

步骤10 进入"转场"素材库，在"运镜转场"中选择"逆时针旋转"转场，单击"+"按钮，如图6-50所示。

图 6-49　　　　　　　　　　图 6-50

完成以上步骤后查看效果，可以看到视频呈现模糊→清晰→逆时针旋转切换→金粉效果。图6-51为模糊变清晰的特效效果，图6-52为逆时针旋转切换到金粉特效的效果。

图 6-51

图 6-52

6.2.5　特效＋镜像实现平行世界效果

将特效与镜像、倒放结合起来使用，可以实现平行世界的视频效果。平行世界能给人时空错位的视觉感受，视频内的画面以镜像翻转的形式同步播放，常被运用于科幻电影中，下面就来看看如何制作奇妙科幻的平行世界视频。

实例演示

制作平行世界科幻视频

步骤01　进入剪映视频剪辑界面，在视频轨中导入两个相同的素材，如图6-53所示。

步骤02　在预览面板"原始"下拉列表中选择"9：16（抖音）"选项，如图6-54所示。

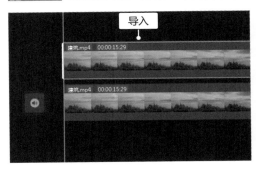 

图 6-53　　　　　　　　　　　　　　　图 6-54

步骤03　在播放器预览面板调整两个素材的位置和大小，主视频轨道素材在下方，副视频轨道素材在上方，如图6-55所示。

步骤04　选择主视频轨道上方的视频素材，单击"镜像"按钮，如图6-56所示。

图 6-55 | 图 6-56

步骤05 在播放器预览面板调整画面旋转角度，这里旋转180° 并调整位置使其与下方素材对应，如图6-57所示。

步骤06 单击"特效"选项卡，在"自然"特效素材库中选择"雾气"特效，单击"+"按钮，如图6-58所示。

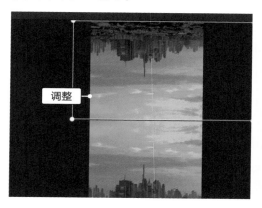

图 6-57 | 图 6-58

步骤07 分别添加下雨、闪电、迷幻烟雾特效，如图6-59所示。

步骤08 调整特效的时长和位置，使所有特效并列作用于视频素材，如图6-60所示。

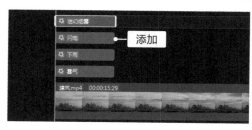

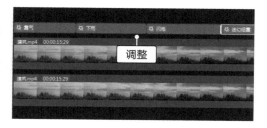

图 6-59 | 图 6-60

步骤09 分别设置雾气、下雨、闪电和迷幻烟雾特效的参数，如图6-61所示。

步骤10 完成后预览效果并导出视频，如图6-62所示。

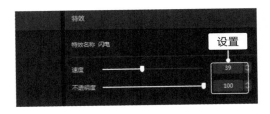

图 6-61

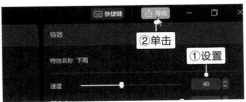

图 6-62

将视频镜像翻转 180°与自然特效效果结合使用后，可以得到具有自然奇幻感的平行世界视频。图 6-63 所示为视频效果展示。

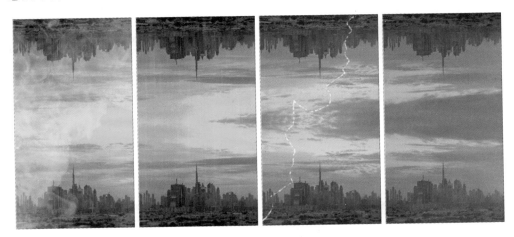

图 6-63

6.2.6　特效 + 滤镜制作黑白电影视频

在摄影后期制作时，常常可以看到将彩色照片转为黑白的效果。后期制作中这一手法较为常用，在剪映中可以使用黑白滤镜给视频调色，同时叠加应用"电影"特效，打造出具有黑白电影效果的视频。

实例演示

制作黑白电影风格视频

步骤01 进入剪映视频剪辑界面，在视频轨中导入素材，如图6-64所示。

步骤02 单击"滤镜"选项卡，在"黑白"滤镜中选择一个合适滤镜效果，这里单击"牛皮纸"滤镜中的"+"按钮，如图6-65所示。

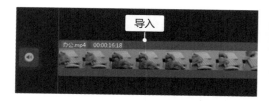

图 6-64

图 6-65

步骤03 拖动调整滤镜时长，使其与视频时长等长，如图6-66所示。

步骤04 在"特效"素材库中选择"电影感"特效，单击"+"按钮，如图6-67所示。

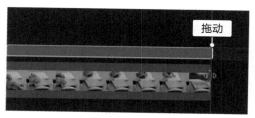

图 6-66

图 6-67

步骤05 拖动调整特效时长，使其与视频时长一致，如图6-68所示。

步骤06 完成后单击"导出"按钮导出视频，如图6-69所示。

图 6-68

图 6-69

完成以上步骤后，可得到具有黑白电影质感的视频。图 6-70 为效果对比。

图 6-70

第**7**章

剪映技术综合
实战应用案例

在前面的章节中讲解了剪映移动端和专业版基础的剪辑手法和操作，如分割素材、定格画面等，本章将结合具体的案例来讲解如何综合运用剪映专业版提供的功能剪辑视频作品，以便将后期剪辑技巧融会贯通。

卡点视频：制作动感电子相册

提取音乐并剪辑素材
为照片素材应用动画效果
利用特效让照片更有氛围感
调整画幅比例并添加字幕

风景人像：打造双重曝光梦境效果

制作双重曝光剪影素材
使用关键帧制作动态素材
制作双重曝光效果

7.1 卡点视频：制作动感电子相册

在短视频平台上有很多热门视频都是卡点视频，卡点视频的画面和音乐都具有很强的节奏感，很适合以竖屏视频的形式进行呈现，因此，这类视频也一度引领了短视频制作的潮流。本案例将制作动感电子相册卡点视频，整体包括提取音乐→应用动画效果→添加特效→制作字幕→添加贴纸五个步骤。

7.1.1 提取音乐并剪辑素材

制作卡点视频需要选取合适的卡点音乐并准备照片素材，因此，本例的第一步是提取音乐并让画面与音乐节奏对应。

实例演示
标记音乐节奏位置并导入素材

步骤01 进入剪映视频剪辑界面，在视频轨中导入需要提取音频的素材，右击素材，在弹出的快捷菜单中选择"分离音频"命令，如图7-1所示。

步骤02 右击视频素材，在弹出的快捷菜单中选择"删除"命令，只保留音频文件，如图7-2所示。

图 7-1　　　　　　　　　　图 7-2

步骤03 在视频轨中导入照片素材，本例中导入了4张人像照片，如图7-3所示。

步骤04 在播放器预览面板单击"播放"按钮试听提取的音频，如图7-4所示。

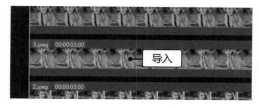

图 7-3　　　　　　　　　　图 7-4

步骤05　选择音频文件，将时间轴定位在节拍点位置处，单击高频工具栏中的"手动踩点"按钮，如图7-5所示。

步骤06　按照同样的方法标记其他节拍点，节拍点一般在音频波形图的缺口处，本案例中共标记了七个节拍点，如图7-6所示。

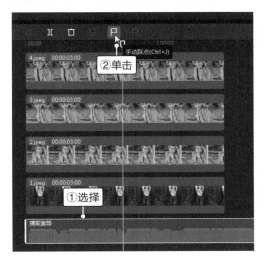 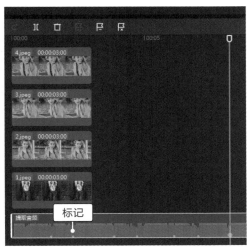

图 7-5　　　　　　　　　　　　　　　　图 7-6

步骤07　将所有照片素材拖动到视频轴上，使其并列排列，如图7-7所示。

步骤08　根据节拍点位置拖动调整素材的时长，第一张照片素材的尾部与第二个节拍点对齐，如图7-8所示。

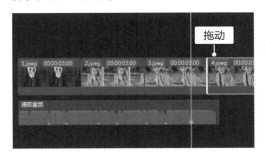 

图 7-7　　　　　　　　　　　　　　　　图 7-8

步骤09　第二张照片素材的尾部对齐第四个节拍点，如图7-9所示。

步骤10　第三张照片素材的尾部对齐第六个节拍点，第四张照片素材的尾部与音频的尾部一致，如图7-10所示。

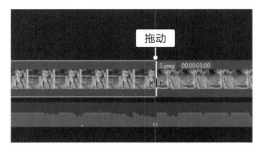 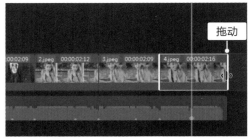

图 7-9　　　　　　　　　　图 7-10

7.1.2　为照片素材应用动画效果

照片素材为静态图像，要让照片具有视频的动态效果，还需要为照片添加合适的动画效果。这里为素材分别添加组合动画和入场动画，使照片的动画效果看起来更加丰富。

实例演示
为素材应用合适的动画

步骤01 在视频轨中选择第一张照片素材，如图7-11所示。

步骤02 在功能面板中单击"动画"选项卡，单击"组合"选项卡，在组合动画中选择合适的动画效果，这里选择"旋转降落改"选项，如图7-12所示。

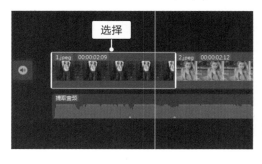 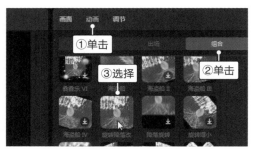

图 7-11　　　　　　　　　　图 7-12

步骤03 选择第二张照片素材，如图7-13所示。

步骤04 同样在"组合"动画中选择一种动画效果，这里选择"降落旋转"选项，如图7-14所示。

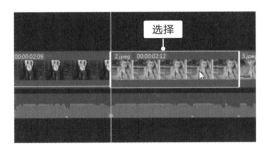

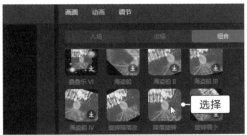

图 7-13

图 7-14

⚙ **步骤05** 选择第三张照片素材，如图7-15所示。

⚙ **步骤06** 在"组合"动画中选择"回弹伸缩"选项，如图7-16所示。

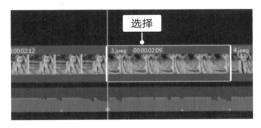

图 7-15

图 7-16

⚙ **步骤07** 选择第四张照片素材，如图7-17所示。

⚙ **步骤08** 在"入场"动画中选择"轻微抖动Ⅲ"选项并设置动画时长，使其与素材时长相同，如图7-18所示。

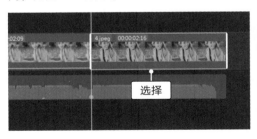

图 7-17

图 7-18

7.1.3　利用特效让照片更有氛围感

为照片素材添加动画后，视频效果看起来还是比较单一，这里再为素材添加合适的特效，使电子相册看起来更加有吸引力。

实例演示

为素材应用合适的特效

步骤01 将时间轴定位在时间线的开始位置，如图7-19所示。

步骤02 单击"特效"选项卡，在特效库中选择合适的特效，或者应用收藏的特效，这里应用收藏的"变清晰"特效，单击"+"按钮，如图7-20所示。

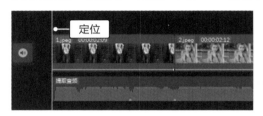

图 7-19   图 7-20

步骤03 拖动调整"变清晰"特效时长，使特效的尾部对齐第一个节拍标记点，如图7-21所示。

步骤04 设置"变清晰"特效的对焦速度和模糊强度参数，如图7-22所示。

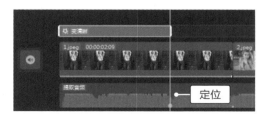

图 7-21   图 7-22

步骤05 将时间轴定位在第一个节拍标记点位置，如图7-23所示。

步骤06 在特效库中选择"星光绽放"特效，单击"+"按钮，如图7-24所示。

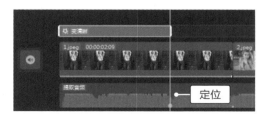

图 7-23   图 7-24

步骤07 拖动调整"星光绽放"特效时长，使特效尾部对齐第二个节拍点，如图7-25所示。

步骤08 将时间轴定位在第二个节拍标记点位置，如图7-26所示。

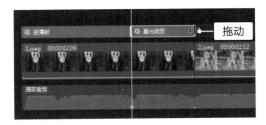 

图 7-25　　　　　　　　　　　　图 7-26

步骤09 在收藏的特效中选择"变清晰"特效，单击"+"按钮，如图7-27所示。

步骤10 拖动调整特效时长，使特效尾部对齐第三个节拍点，如图7-28所示。

 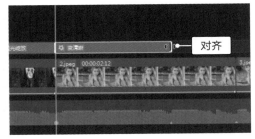

图 7-27　　　　　　　　　　　　图 7-28

步骤11 设置"变清晰"特效的对焦速度和模糊强度参数，如图7-29所示。

步骤12 将时间轴定位在第三个节拍标记点位置，如图7-30所示。

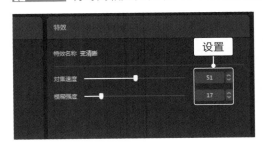 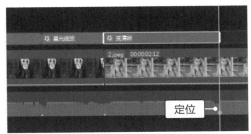

图 7-29　　　　　　　　　　　　图 7-30

步骤13 在特效库中选择"星光绽放"特效，单击"+"按钮，如图7-31所示。

步骤14 拖动调整"星光绽放"特效时长，使特效尾部对齐第四个节拍点，如图7-32所示。

图 7-31

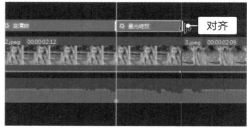

图 7-32

步骤15 将时间轴定位在第四个节拍标记点位置，同样应用"变清晰"特效并调整时长，特效尾部对齐第五个节拍点，如图7-33所示。

步骤16 设置"变清晰"特效的对焦速度和模糊强度参数，如图7-34所示。

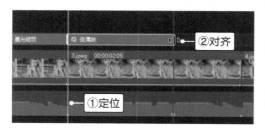

图 7-33

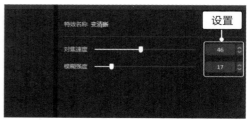

图 7-34

步骤17 将时间轴定位在第五个节拍标记点位置，应用"星光绽放"特效并调整时长，特效尾部对齐第六个节拍点，如图7-35所示。

步骤18 将时间轴定位在第六个节拍点位置，应用"变清晰"特效并调整时长，特效尾部对齐第七个节拍点，如图7-36所示。

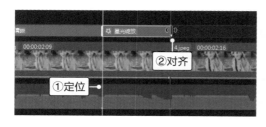

图 7-35

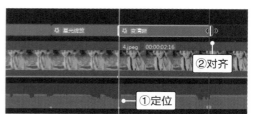

图 7-36

步骤19 设置"变清晰"特效的对焦速度和模糊强度参数，如图7-37所示。

步骤20 将时间轴定位在第七个节拍点位置，应用"星光绽放"特效并调整时长，特效尾部对齐素材尾部，如图7-38所示。

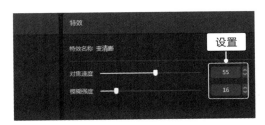

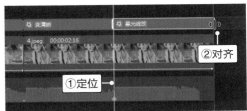

| 图 7-37 | 图 7-38 |

本案例中只应用了变清晰和星光绽放两种特效，这是因为该电子相册为短视频，视频时长不长且前期制作的动画效果已经比较丰富了，只应用两种特效能避免视频过于花哨。

7.1.4 调整画幅比例并添加字幕

完成以上步骤后，视频画面看起来还是稍显单调，接下来为视频设置画幅比例，使其适应抖音的竖屏模式，并添加文字字幕，丰富画面效果。

实例演示

用字幕丰富画面效果

步骤01 在播放器预览面板单击"原始"按钮，在弹出的下列菜单中选择"9：16(抖音)"选项，如图7-39所示。

步骤02 在播放器预览面板调整图片的缩放，使其填充整个画面，如图7-40所示。

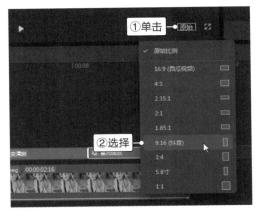

| 图 7-39 | 图 7-40 |

(Producing)

步骤03 按照同样的方法依次调整其他照片素材的缩放比例，使其填充整个画面，如图7-41所示。

步骤04 单击"文本"选项卡，单击"默认文本"中的"+"按钮，如图7-42所示。

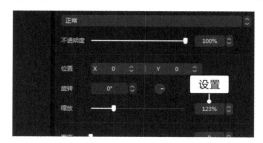

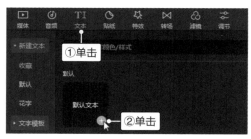

图 7-41

图 7-42

步骤05 程序自动添加默认文本到轨道中，在"文本"文本框中输入文字内容，这里输入"记录快乐"，设置字体样式，如图7-43所示。

步骤06 在"文本"选项卡中单击"默认文本"中的"+"按钮，如图7-44所示。

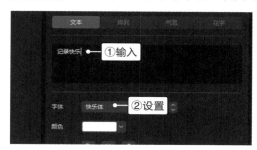

图 7-43

图 7-44

步骤07 程序自动添加默认文本到轨道中，在"文本"文本框中输入文字内容，这里输入"享受美好生活"，设置字体样式，如图7-45所示。

步骤08 拖动调整两段文字字幕时长，使其与视频时长等长，如图7-46所示。

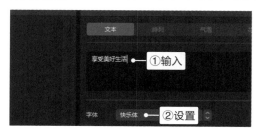

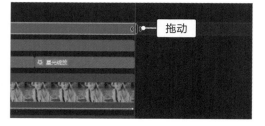

图 7-45

图 7-46

步骤09 在播放器预览面板调整文字字幕的位置和大小，如图7-47所示。

步骤10 预览文字效果，查看文字位置和大小是否合适，如图7-48所示。

图 7-47

图 7-48

7.1.5　添加贴纸并导出视频

为视频添加默认文本后，文字字幕看起来并不是很美观，接下来为视频添加贴纸，然后导出视频，完成卡点动感相册的制作。

实例演示
为文字字幕添加贴纸

步骤01 单击"贴纸"选项，搜索贴纸名称或者在贴纸素材库中选择合适的贴纸，这里在搜索文本框中输入"太阳"，如图7-49所示。

步骤02 在搜索结果中选择合适的贴纸，由于文字字幕是白色字体，所以这里也选择一个白色的太阳贴纸，单击"+"按钮，如图7-50所示。

图 7-49

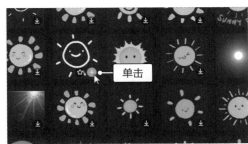

图 7-50

步骤03 在播放器预览面板调整贴纸的位置和大小，如图7-51所示。

步骤04 在搜索文本框中输入"咖啡"，在搜索结果中选择一个贴纸，单击"+"按钮，如图7-52所示。

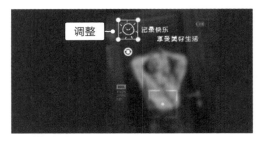

图 7-51   图 7-52

步骤05 在播放器预览面板调整"咖啡"贴纸的位置和大小，如图7-53所示。

步骤06 拖动调整两个贴纸的时长，使其与视频时长等长，如图7-54所示。

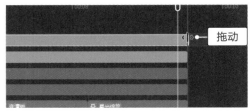

图 7-53   图 7-54

步骤07 单击"导出"按钮，如图7-55所示。

步骤08 在打开的"导出"对话框中输入作品名称，选择导出位置，设置分辨率、码率、编码、格式和帧率，单击"导出"按钮，如图7-56所示。

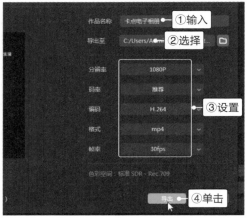

图 7-55   图 7-56

　　播放视频时可以看到，该卡点电子相册的音乐节奏与画面、特效能够相互配合和呼应，星光绽放时配合快门咔嚓声，使静态照片看起来动感而精彩。图7-57为视频最终效果展示。

图 7-57

7.2　风景人像：打造双重曝光梦境效果

双重曝光是一种摄影手法，常见效果是将人像与其他风景类素材结合在一起，以叠影的方式呈现。从视觉效果上来看，双重曝光能给人带来神秘、炫酷的感受。本案例将利用剪映制作双重曝光效果视频，具体步骤为制作抠像素材→制作动态素材→制作双重曝光效果→统一调整时长→制作字幕动画→添加背景音乐。

7.2.1　制作双重曝光剪影素材

根据双重曝光的原理和效果，在制作双重曝光视频时，要选择有剪影效果的照片或视频，或者通过抠图的方式制作素材。本案例的第一步就是制作黑白剪影的抠像素材。

实例演示
制作剪影黑白抠像素材

步骤01 进入剪映视频剪辑界面，在视频轨中导入白色图片和人像视频，如图7-58所示。

步骤02 在播放器预览面板中调整人像素材的缩放比例和位置，使画面重点展示人像的背景，如图7-59所示。

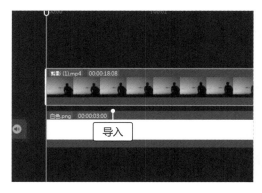

图 7-58

图 7-59

步骤03 单击功能面板中的"抠像"选项卡，单击"智能抠像"按钮，等待程序自动进行抠像处理，如图7-60所示。

步骤04 调整白色图片时长，使其与视频时长等长，将时间轴定位在需要分割的时间点位置，这里将时间轴定位在人物抬手位置，如图7-61所示。

图 7-60

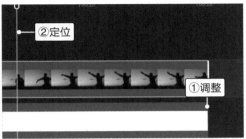

图 7-61

步骤05 单击"分割"按钮分割视频素材，如图7-62所示。

步骤06 右击前半部分素材，在弹出的快捷菜单中选择"删除"命令，如图7-63所示。

图 7-62

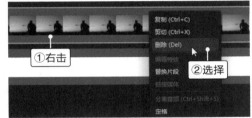

图 7-63

完成以上步骤后可以得到黑白剪影人像素材，调整白色背景图片的时长后，单击"导出"按钮，将素材导出到本地电脑中，按照同样的方法可制作其他需要的剪影素材。

7.2.2　使用关键帧制作动态素材

如果剪影效果的素材为静态图像，为了实现动态效果，可以使用抠图＋关键帧工具制作具有动态效果的剪影素材。

实例演示

制作动态剪影人像素材

步骤01 进入剪映视频剪辑界面，导入白色图片和人像照片素材，如图7-64所示。

步骤02 单击"抠像"选项卡，单击"智能抠像"按钮，如图7-65所示。

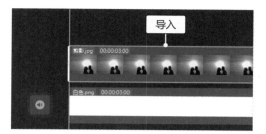

图 7-64

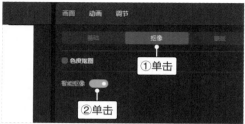

图 7-65

步骤03 切换至"基础"选项卡，调整人像素材的位置和缩放，单击"关键帧"按钮，如图7-66所示。

步骤04 将时间轴定位在尾部，如图7-67所示。

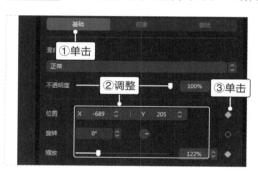

图 7-66

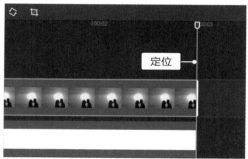

图 7-67

步骤05 在播放器预览窗口调整人像素材的位置和缩放，程序会自动添加关键帧，如图7-68所示。

步骤06 此时静态的人像图片呈现逐渐放大的动态效果，单击"导出"按钮导出素材，如图7-69所示。

图 7-68

图 7-69

按照以上两种方法制作其他剪影人像素材，这里又分别制作了图 7-70 所示的两个剪影人像素材。

图 7-70

7.2.3　制作双重曝光效果

制作好需要的素材后，接下来使用剪映提供的"滤色"工具制作双重曝光效果，下面来看看具体操作。

实例演示

利用滤色实现双重曝光效果

步骤01　进入剪映视频剪辑界面，在视频轨中导入素材，这里先导入一个背景素材和剪影素材，如图 7-71 所示。

步骤02　在功能面板中单击"混合模式"下拉按钮，在弹出的下拉列表中选择"滤色"选项，如图 7-72 所示。

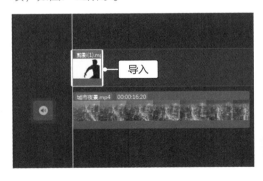

图 7-71　　　　　　　　　　　　　　　图 7-72

步骤03 将时间轴定位在剪影素材尾部，选择剪影素材，单击"定格"按钮，如图7-73所示。

步骤04 程序自动添加定格画面，拖动调整定格画面时长与视频素材对齐，如图7-74所示。

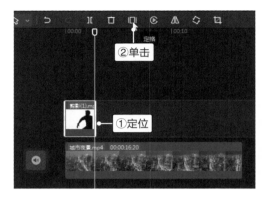

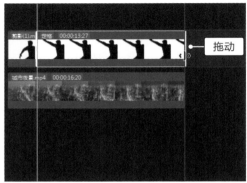

| 图 7-73 | 图 7-74 |

步骤05 分别导入其他背景素材和剪影素材，并调整素材所在位置，如图7-75所示。

步骤06 依次选择剪影素材，将其混合模式更改为"滤色"如图7-76所示。

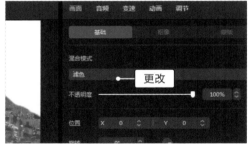

| 图 7-75 | 图 7-76 |

7.2.4 统一调整素材的时长

导入视频素材和剪影素材后，可以看到素材的时长是不一样的，这里统一将素材的时长设置为10 s。

实例演示

将素材时长统一为 10 s

步骤01 选择视频轨中的第一个素材，拖动素材尾部调整时长，如图7-77所示。

步骤02 单击 "+" 按钮放大时间线，便于对视频素材的时长进行调整，如图7-78所示。

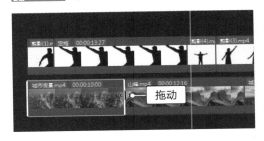

图 7-77   图 7-78

步骤03 选择第二段视频素材，拖动尾部调整时长，如图7-79所示。

步骤04 选择第三段视频素材，同样将时长调整为10 s，如图7-80所示。

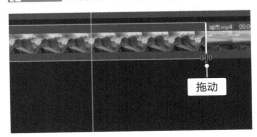

图 7-79   图 7-80

步骤05 选择第四段视频素材，拖动尾部将视频时长调整为10 s，如图7-81所示。

步骤06 这里要将剪影素材的时长与视频素材时长对应，选择第一段剪影素材的定格画面，拖动尾部与第一段视频素材尾部对齐，如图7-82所示。

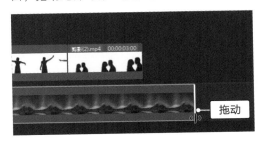

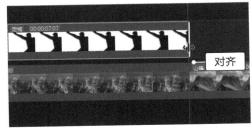

图 7-81   图 7-82

步骤07 选择人物张开双臂的剪影素材，按住鼠标左键移动其位置，与前一段剪影素材首尾衔接，如图7-83所示。

步骤08 单击功能面板中的"变速"选项卡，调整素材的倍速，这里将倍数参数设置为0.5x，如图7-84所示。

图 7-83

图 7-84

步骤09 将时间轴定位在该段素材的开头位置，如图7-85所示。

步骤10 单击功能面板中的"画面"选项卡，单击位置和缩放后的关键帧按钮，为素材添加关键帧，如图7-86所示。

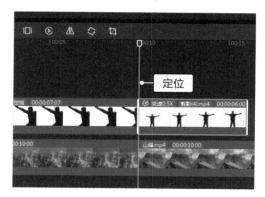

图 7-85

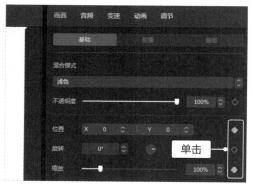

图 7-86

步骤11 将时间轴定位在该段素材的结束位置，如图7-87所示。

步骤12 在播放器预览面板调整素材的位置和缩放，这里放大素材，如图7-88所示。

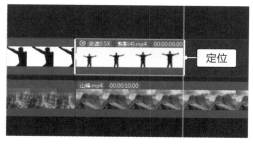

图 7-87

图 7-88

步骤13 单击高频工具栏中的"定格"按钮，为素材添加定格画面，如图7-89所示。

步骤14 拖动调整定格画面的时长，与视频素材尾部对齐，如图7-90所示。

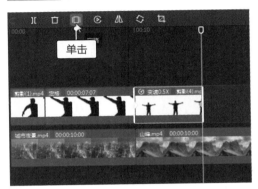

图 7-89

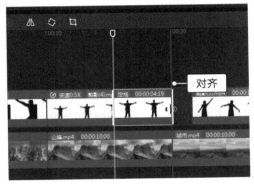

图 7-90

步骤15 移动剪影素材使其与前一段剪影素材首尾衔接，如图7-91所示。

步骤16 将时间轴定位于该段素材的中间位置，单击"分割"按钮分割素材，按【Delete】键删除分割的后半部分素材，如图7-92所示。

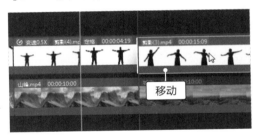

图 7-91

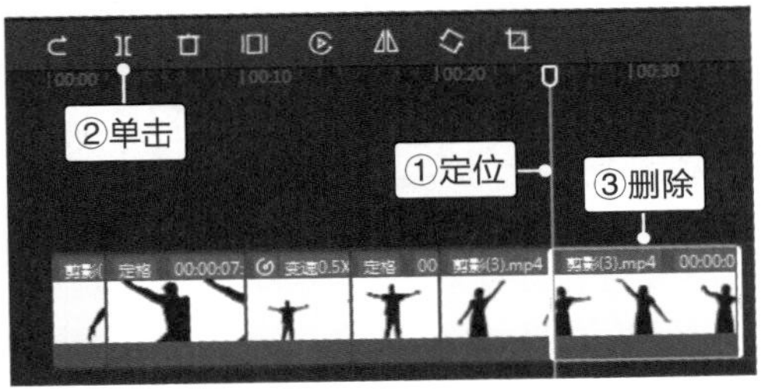

图 7-92

步骤17 选择素材，将时间轴定位在该段素材的开头位置，如图7-93所示。

步骤18 单击位置和缩放后的"关键帧"按钮，为素材添加关键帧，如图7-94所示。

图 7-93

图 7-94

步骤19 将时间轴定位在该段素材的结束位置，如图7-95所示。

步骤20 调整素材的位置和缩放，程序自动添加关键帧，如图7-96所示。

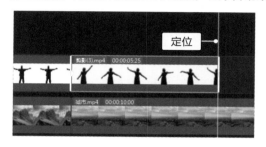
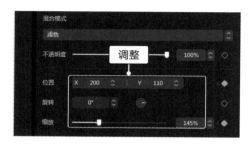

图 7-95　　　　　　　　　　　　　图 7-96

步骤21 单击高频工具栏中的"定格"按钮，为素材添加定格画面，如图7-97所示。

步骤22 拖动调整定格画面的时长，与视频素材对齐，如图7-98所示。

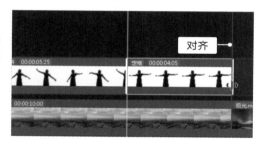

图 7-97　　　　　　　　　　　　　图 7-98

步骤23 移动剪影素材位置，使其与前一段素材首尾衔接，如图7-99所示。

步骤24 将时间轴定位在该段剪影素材的中后部位置，按【Ctrl+B】组合键分割视频，按【Delete】键删除分割的后半部分素材，如图7-100所示。

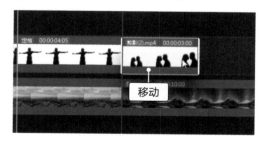
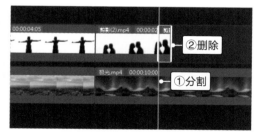

图 7-99　　　　　　　　　　　　　图 7-100

步骤25 将时间轴定位在该段素材的开始位置，如图7-101所示。

步骤26 单击位置和缩放后的"关键帧"按钮，为素材添加关键帧，如图7-102所示。

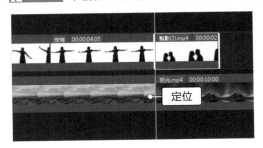

图 7-101

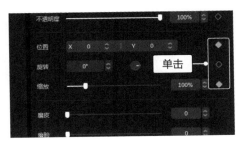

图 7-102

步骤27 将时间轴定位在该段素材的结束位置，如图7-103所示。

步骤28 调整素材的位置和缩放，程序自动添加关键帧，如图7-104所示。

图 7-103

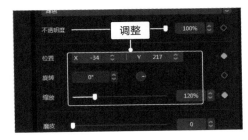

图 7-104

步骤29 单击"变速"选项卡，调整该段素材的速度，这里将倍数参数设置为0.5x，如图7-105所示。

步骤30 将时间轴定位在素材的结束位置，如图7-106所示。

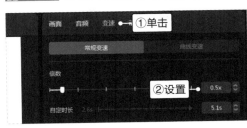

图 7-105

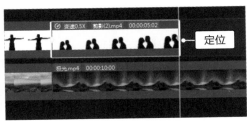

图 7-106

步骤31 单击高频工具栏中的"定格"按钮，为素材添加定格画面，如图7-107所示。

步骤32 拖动调整定格画面的时长，使其与视频素材尾部对齐，如图7-108所示。

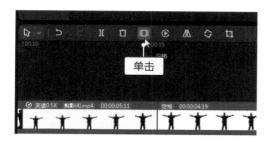

图 7-107

图 7-108

7.2.5　字幕动画提升视频效果

文字可以提升视频的整体表达，接下来将统一调整剪影素材的不透明度，使画面具有叠影效果，同时为视频添加文字字幕。

实例演示
叠影效果和动画字幕制作

步骤01 按住鼠标左键框选全部剪影素材，如图7-109所示。

步骤02 统一设置不透明度参数为50%，如图7-110所示。

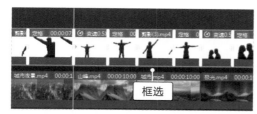

图 7-109

图 7-110

步骤03 将时间轴定位在时间线的开始位置，如图7-111所示。

步骤04 单击"文本"选项卡，打开文本库，如图7-112所示。

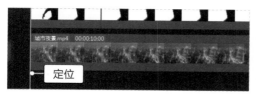

图 7-111

图 7-112

步骤05 进入"新建文本"界面，单击"默认文本"中的"+"按钮，如图7-113所示。

步骤06 在"文本"文本框中输入"城"文字内容，如图7-114所示。

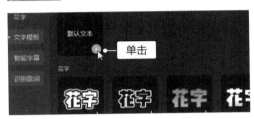

图7-113

图7-114

步骤07 单击"默认文本"中的"+"按钮，继续添加默认文本，如图7-115所示。

步骤08 在"文本"文本框中输入"市"文字内容，如图7-116所示。

图7-115

图7-116

步骤09 继续添加默认文本，这里再添加4个默认文本，如图7-117所示。

步骤10 将文字内容修改为"旅""人""tourist""city"，如图7-118所示。

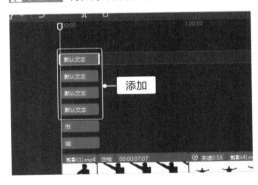

图7-117

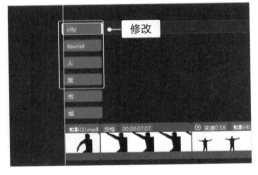

图7-118

步骤11 按住鼠标左键，框选"城""市""旅""人"文字内容，如图7-119所示。

步骤12 在字体下拉列表中选择一个合适的字体样式，这里选择"纯真体"选项，如图7-120所示。

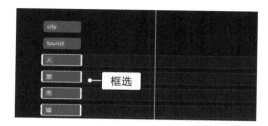

图 7-119

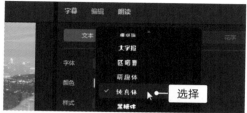

图 7-120

步骤13 按住鼠标左键，框选 "tourist" "city" 文字内容，如图7-121所示。

步骤14 在字体下拉列表中选择一个合适的英文字体样式，如图7-122所示。

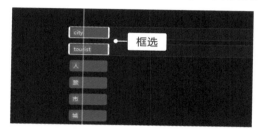

图 7-121

图 7-122

步骤15 单击 "贴纸" 选项卡，搜索 "线条画" 贴纸，选择纸飞机贴纸样式，单击 "+" 按钮，如图7-123所示。

步骤16 搜索 "旅行" 贴纸，选择飞机贴纸样式，单击 "+" 按钮，如图7-124所示。

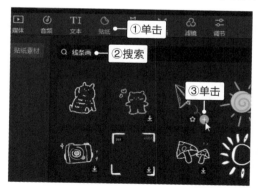

图 7-123

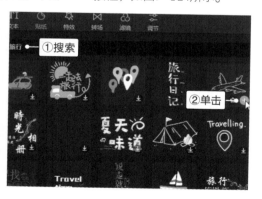

图 7-124

步骤17 在播放器预览窗口调整文字和贴纸的大小和位置，如图7-125所示。

步骤18 依次拖动调整文本和贴纸的时长，与视频素材结束位置对齐，如图7-126所示。

图 7-125

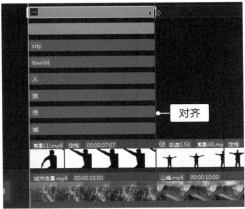

图 7-126

步骤19 选择"城"文本内容，如图7-127所示。

步骤20 单击"动画"选项卡，选择"向下溶解"选项，如图7-128所示。

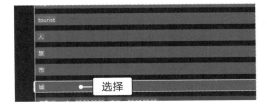

图 7-127

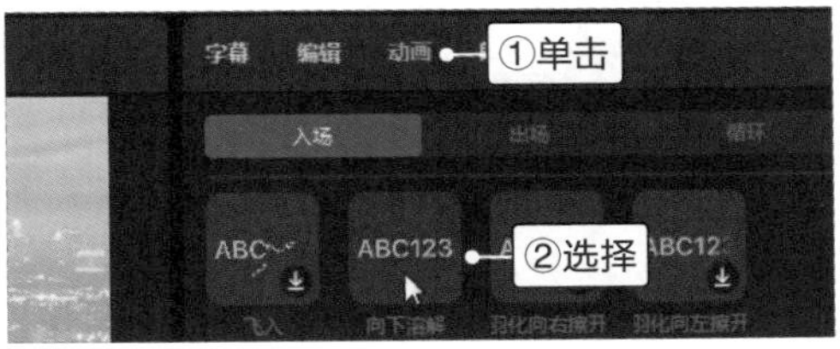

图 7-128

步骤21 将动画时长设置为"1.0 s"，如图7-129所示。

步骤22 依次为其他文本应用"向下溶解"动画，并统一将动画时长设置为"1.0 s"，如图7-130所示。

图 7-129

图 7-130

步骤23 在轨道中选择添加的贴纸素材，如图7-131所示。

步骤24 单击"动画"选项卡，在入场动画中选择"向下滑动"选项，如图7-132所示。

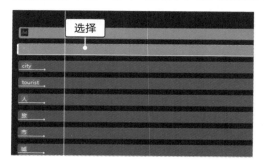

图 7-131

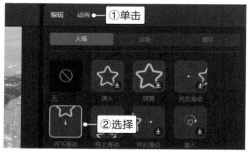

图 7-132

步骤25 将贴纸动画的时长设置为"1.0 s"，如图7-133所示。

步骤26 为另一个贴纸也应用"向下滑动"动画，并将动画时长设置为"1.0 s"，如图7-134所示。

图 7-133

图 7-134

步骤27 将时间轴定位在第二段视频素材的开始位置，切换至"文本"选项卡，新建5个默认文本，如图7-135所示。

步骤28 分别修改文本内容为"旅""行""INTERESTING LIFE""有趣的人生""有一半是山川湖海"，如图7-136所示。

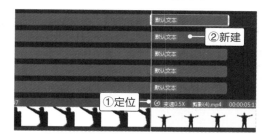

图 7-135

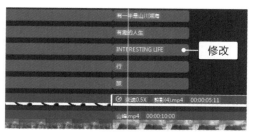

图 7-136

步骤29 选择"旅""行"文本内容，设置字体样式为"江湖体"，在"颜色"下拉列表中选择深灰色，如图7-137所示。

步骤30 选择"有趣的人生""有一半是山川湖海"文本内容，设置字体样式为"金陵体"，将字体颜色更改为红色，如图7-138所示。

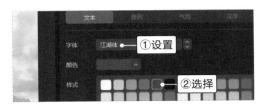

图 7-137

图 7-138

步骤31 选择"INTERESTING LIFE"文本，设置字体样式为"温柔体"，如图7-139所示。

步骤32 在播放器预览面板调整文字的位置和大小，如图7-140所示。

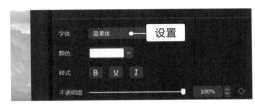

图 7-139

图 7-140

步骤33 新建两个默认文本，文本内容分别为"On The Road"和"Everywhere he went, there was scenery."，如图7-141所示。

步骤34 选中"On The Road"和"Everywhere he went,there was scenery."文本，设置字体样式为"Vogue"，如图7-142所示。

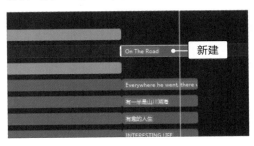

图 7-141

图 7-142

步骤35 在播放器预览面板调整文本的位置和大小，如图7-143所示。

步骤36 依次调整文本的时长，与第二段视频素材的结束位置对齐，如图7-144所示。

图 7-143

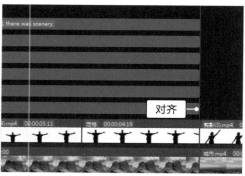

图 7-144

步骤37 依次为文本应用"右下擦开"动画，默认动画时长为0.5s，如图7-145所示。

步骤38 打开贴纸素材库，搜索"遇见"贴纸素材，选择合适的贴纸，单击"+"按钮，如图7-146所示。

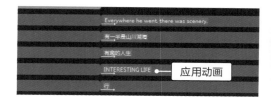

图 7-145

图 7-146

步骤39 打开"动画"功能面板，为贴纸应用"渐显"动画，设置动画时长为1.0 s，如图7-147所示。

步骤40 调整贴纸素材位置和时长，对齐第三段视频素材的结束位置，如图7-148所示。

图 7-147

图 7-148

步骤41 搜索"旅途"贴纸，在搜索结果中选择合适的贴纸，单击"+"按钮，如图7-149所示。

步骤42 调整贴纸的位置和时长，对齐最后一段视频素材的结束位置，如图7-150所示。

图 7-149

图 7-150

步骤43　在播放器预览面板中调整贴纸素材的位置和大小，如图7-151所示。

步骤44　切换至"动画"选项卡，为贴纸应用"放大"动画，设置动画时长为5.0 s，如图7-152所示。

图 7-151

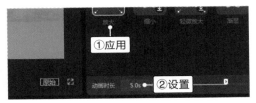

图 7-152

7.2.6　添加背景音乐并输出视频

添加好文字字幕后，接下来完成本案例的最后一步，为视频添加合适的背景音乐并输出视频。

实例演示
添加配乐强化视听效果

步骤01　单击"音频"选项卡，在"旅行"音乐素材库中选择合适的音乐，单击"+"按钮，如图7-153所示。

步骤02　调整音频素材的位置和时长，对齐整段视频的开头和结尾，如图7-154所示。

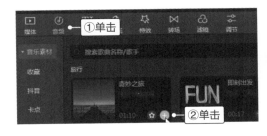

图 7-153

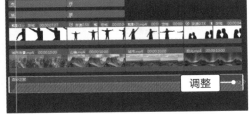

图 7-154

最后导出并保存视频。图 7-155 所示为效果展示。从图中可以看出，视频画面呈现双重曝光效果，字幕则具有动画效果。

图 7-155

第 **8** 章

视频的发布
与传播策略

发布与传播是视频运营管理的重要一步，视频发布时平台的选择，文案、封面等的设计都会对视频最终的播放量产生影响。要让自己创作的作品取得好的传播效果，还需掌握视频发布和传播的策略，从而助力作品上热门。

找准合适的视频传播渠道

抖音
快手
其他视频平台

提高播放量的发布策略

巧取标题增加点击量
标题关键词如何筛选
设计有吸引力的封面

8.1　找准合适的视频传播渠道

互联网上的视频平台有很多，包括以长视频为主的影视平台、短视频平台、综合类视频播放平台、电商类视频平台等。不同的平台有不同的定位和运营机制，对于新入场的短视频创作者来说，选对渠道才能有效提升视频价值，进而实现转化和获利。

8.1.1　抖音

抖音是具有代表性的短视频平台，其标语是"记录美好生活"。从平台的用户规模和日活跃用户数来看，抖音具有很强的优势，且其具有娱乐化、互动性强、创意剪辑的特点，用户不仅可以使用抖音观看视频，还能创作并剪辑视频。抖音提供了很多有趣、个性化的特效和道具给用户使用,这些工具深受抖音用户的喜爱，独特的玩法也让"抖音道具"成为火爆新媒体的互动工具。

打开抖音后会进入视频推荐页面，该页面以信息流方式展现，具有竖屏＋单列＋自动播放的特点，用户可通过上下滑动查看视频，在该页面可直接进行点赞、评论等操作，左右滑动可切换页面。从操作方式可以看出，抖音很方便单手操作，充分展现了竖屏的优势。图 8-1 所示为抖音道具和推荐页。

图 8-1

总的来看，竖屏是抖音主流的内容呈现方式。对于以横屏方式上传的视频，则可以在播放界面点击"全屏播放"按钮将竖屏转换为横屏播放模式。从视频时长来看，抖音主要以短视频为主，在碎片化时代，这类视频普遍受到用户青睐。但是长视频市场也不容忽视，创作者可通过抖音创作服务平台上传并发布长视频。

结合抖音的特点、定位和优势，这是创作者可以优先选择的视频传播渠道。如果作品主要定位于短视频，内容偏创意、娱乐、潮流、年轻化，那么会很契合抖音平台，作品也更容易被用户接受而得到广泛传播。

8.1.2　快手

快手也是短视频主流平台，其用户覆盖面和活跃度都很高。快手的界面与抖音有所不同，具有竖屏 + 双列 + 点击播放的特点。在快手"发现"页面，用户可以主动选择观看哪个视频，点击视频封面后才会进入视频播放页面，在"精选"页面则是全屏自动播放视频，通过上下滑动的方式切换视频。图 8-2 所示为快手发现和精选页面。

图 8-2

这种内容展现方式让更多创作者的作品得以展示。从内容表现上看，快手具有欢乐、草根、有趣的特点，其风格更"接地气"，因此，快手形成了独特的社区文化和"老铁经济"，粉丝忠诚度普遍较高。

在快手平台，真实质朴的生活记录、创意性内容以及其他能够引发情感共鸣的内容更容易获得用户的认可和青睐。因此，如果作品偏生活化，风格有趣搞笑，那么快手会是不错的选择。当然，快手和抖音都是短视频行业的头部平台，两大平台存在着重叠用户，在做短视频运营时也可以两个平台同时选择。

8.1.3　其他视频平台

西瓜视频、小红书、微信视频、微博视频、美拍、好看视频等也是创作者可以考虑的视频发布渠道，下面重点介绍西瓜视频和小红书。

（1）西瓜视频

西瓜视频也是重要的视频发布渠道，平台内容丰富，具有多样化的特征，涵盖影视、农人、美食、游戏、宠物、搞笑等领域。从西瓜视频的内容生态来看，其视频时长普遍要更长，所以多为横屏视频，这与其定位有关，西瓜视频主打"中视频"。根据西瓜视频的特点和优势来看，如果视频的时长偏长，内容具有专业、丰富、完整、有深度的特点，那么西瓜视频是不错的选择。

（2）小红书

小红书是展现年轻人生活方式的平台，其标语是"标记我的生活"。在小红书发布的内容被称为"笔记"，以图文和视频为主。小红书的女性用户群体要高于男性用户，这也使得小红书的内容多集中于美妆、时尚、健身、护肤、母婴等领域。很多用户都将小红书作为消费前决策、导购的平台，这也充分体现了小红书的"种草"特征。用户在购买某一产品前，会通过小红书搜索来了解产品的质量、功效和使用体验等，从而做出进一步的消费决策。从小红书的特点来看，小红书更像一个购物分享社区，如果视频内容偏向于干货、攻略，能够帮助特定的人群解决某一问题，如护肤、彩妆、发型等，那么就很适合小红书这一平台。

8.2　提高播放量的发布策略

将自己精心创作剪辑的视频发布到平台后，创作者普遍关心视频的播放数据，对于很多新手创作者来说，常常会产生这样的疑惑：与同类视频相比，视频质量不错，为什么播放量却很低？实际上，影响视频播放量的因素除了视频内容质量外，还有标题文案、封面设计和发布时间等。

8.2.1　巧取标题增加点击量

从前面的内容可以知道，不同平台内容的展现方式是不同的，在西瓜视频、小红书等视频平台，用户可以自主选择要观看的内容，这时标题就会成为影响视频播放量的重要因素。

有吸引力的标题能有效调动用户观看视频的兴趣，从而进一步提高视频播放量。视频标题的写法有多种，那么什么样的标题才能有效吸引用户点击呢？创作者可以参考表 8-1 所列几种标题写法和技巧。

表 8-1　视频标题写法和技巧

类　型	特　点	示　例
痛点型标题	结合目标人群内心的痛点来编写标题，所谓痛点是指个人无法解决，又迫切需要满足的某种需求，比如瘦身、求职、电脑卡顿、失眠等，在标题上体现具体的痛点，更能引起目标人群的注意	①电脑越用越卡怎么办？几个设置轻松恢复巅峰状态！ ②晚上睡不着，每天练这组动作调理，三分钟入睡，第二天神清气爽
悬念型标题	在标题中制造悬念，通过悬念来引起人们的好奇心，悬念式标题通常不会在标题中直接给出答案，而是采用"留白"的方式给予用户一定的想象空间	①有两条拖把成精了！ ②终于现身一位比金毛吃东西还快的实力战将
热点式标题	热点式标题就是借助当前的热门话题来编写标题，标题中要带上与热点相关的关键词或话题	#母亲节#致敬每一位伟大的母亲

续表

类 型	特 点	示 例
速成型标题	用简单、省时、省力的方法来告诉用户如何快速完成或实现什么，适用于干货型短视频，在标题中直接体现效率或者能够提供的帮助，常用关键词有必备、技巧、×天等	①为什么饭店的炝拌海带丝又香又脆？原来窍门这么简单，一分钟学会。②30分钟减肥健身操，高效燃脂，每天坚持，快速瘦出苗条好身材
疑问式标题	疑问式标题通过在标题中提出问句来激起人们的求知欲，利用"？"来与浏览者产生互动，也让浏览者怀着解答问题的心态来观看视频	①一直不能通关的挖矿游戏最终的完美结局究竟是什么？②宝宝听到"推迟一周开学"，会是什么反应
情景型标题	在标题中描绘一个具体的情景，让浏览者在脑海中产生画面感，剧情、搞笑、vlog类的视频都可以采用情景型标题，从标题就开始讲述故事，从而吸引点击	①和爸妈一起品尝章肠虾，配上一碗米饭，实在是太美味了！②短腿猫又遭洗澡，气得暴跳腾空殴打吹风筒
数字型标题	在大量的文字中穿插数字能够在视觉上提升标题的吸引力，在运用数字型标题时要注意数字使用的量，不是单纯的叠加数字，而应让数字激起浏览者的好奇心	①五个实用剪辑技巧，让你的视频更流畅。②如何跑步才能不伤膝盖？学会以下六点就可以
情感式标题	情感、剧情类视频常用这种标题写法，通过亲情、友情、爱情等情感来引发浏览者的共鸣，这类标题的特点是以情动人，可以通过对话、用"你我他"来增加代入感	我的一切都是为了你的开心，既然你不开心我要"一切"有何用？#爱情#短剧

在编写视频标题时，可以将以上几种标题写法结合起来灵活使用。另外，视频的标题应该与内容有关联性，如果标题足够吸引人，内容却与标题毫无联系，只会影响视频的完播率，反而给用户留下不好的印象。

8.2.2 标题关键词如何筛选

在视频平台很多用户会通过搜索的方式来查看视频，这种情况下，如果标题涵盖了相关关键词，那么视频就有可能被目标用户点击并观看，从而提高视频的播放量。图 8-3 为在抖音和小红书搜索"回锅肉"这一关键词的结果。

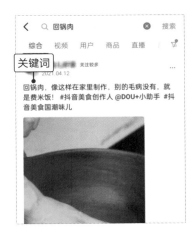

图 8-3

从上图可以看出，视频标题都含有"回锅肉"这一关键词。由此可见，好的视频标题不仅有利于提高视频点击量，还有利于获取精准流量。视频标题中可以设置一个或多个关键词，但要注意，关键词并不是越多越好，一些无用的辅助性关键词可以适当减少，以避免标题看起来过于累赘。那么，标题中常用的关键词有哪些呢？主要有以下一些类型。

（1）内容主题词

内容主题词是指与视频内容或主题相关的关键词，这一关键词体现了视频的核心内容，在标题中占据重要位置。在编写标题时，可以将内容主题词前置，让浏览者一眼就清楚视频的主要内容，目标受众在进行内容搜索时也容易搜索到我们的视频。比如视频内容是与美食探店有关的，那么标题中就可以带上与"美食""探店"有关的关键词，精准定位目标受众的同时也体现视频的核心内容，如以下一些示例标题。

①××隐藏美食居然这么多，这家真可以去尝尝＃美食探店

②＃跟着抖音去探店 |××烧烤摊，吃一次想六天＃本地宝藏美食

③我的探店日记：××都说好吃的锅盔，我也去见见世面～

④人均十几的蟹黄汤包店，挨个点没有雷，司机师傅诚不欺我！＃美食 vlog

⑤东北串串店干饭，竟被邻桌美少女治愈，越来越相信缘分了！美食探店／试吃

（2）身份标签词

如果视频有明确的目标受众，那么标题中可以加入与该目标人群有关的身份标签词。身份标签词能让目标人群自动对号入座，从而引导产生共鸣，引起目标人群的注意。常见的身份标签词有"90后"、宝妈、母亲、月光族、年轻人等。以下为三个标签词示例标题：

①"90后"姑娘在××健身，虽不算励志，但愿与君共勉

②只要5分钟，请为您的妈妈看完这个视频吧

③三招远离换季肌肤问题，亲测有效，敏感肌必看

（3）产品词

营销带货类、评测类视频可在标题中带上产品词。产品词包括产品品牌、产品属性、功能性质等词汇。比如视频中评测的产品是耳机，那么就可以在标题中带入"耳机"这一关键词。以下为几个产品词示例标题：

①149元的充电头，真比3.8元的更好用？实测12款，我们找到了答案！

②从100元到40万元，28部超棒相机疯狂推荐，给新手的相机选购指南

③给你们推荐一款游戏蓝牙耳机！虽然贵，但是很好用

④139元买的自动洗鞋机，真的好用吗？网友：科技使我快乐！

⑤凭什么这么受欢迎？××××使用报告

（4）话题词

在编写标题时，很多创作者都会在标题中加入话题词，这是因为话题词有一定的流量基础。在标题中带上话题词后，如果用户点进某个话题，或者该话题上了热门，都能帮助视频获得大量曝光。使用话题词要遵循相关性原则，即话题词要与视频内容有关联。比如视频内容是搞笑剧情，就可以在标题中带上"搞笑""段子""＃短剧"等话题词。以下为几个话题词示例标题：

①＃你会立即吹干头发吗＃湿发睡觉的危害

②把春天留住，制作永生桃花记录春天～＃永生花＃手工＃治愈

③豆腐这样做也太好吃了吧，麻辣鲜香！为啥我今天才知道＃豆腐新吃法

④好朋友就是要一起互相帮助，可可爱爱＃学英语＃萌娃

⑤不要一大早拍早餐＃搞笑＃搞笑配音

TIPS 撰写视频标题的要点

　　视频的标题有字数限制，在编写时要注意以下几点：①不能堆砌关键词，应合理
使用。②注意关键词的准确性，不要为了追热点，强行在标题中加上与视频内容无关的
热门关键词。③使用关键词进行标题组合时要注意语句是否通顺。

　　在创作视频标题时，还可以利用一些新媒体工具来帮助我们找到写标题的一
些思路，下面以易撰自媒体工具为例。

实例演示
用自媒体工具找标题创作思路

步骤01 打开易撰，扫码登录或使用账号密码登录，如图8-4所示。

步骤02 登录成功后会进入"自媒体库"，在该页面可以按来源、领域、类型等搜索标
题，如图8-5所示。

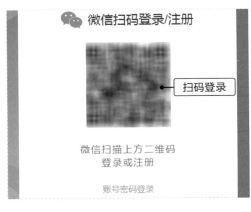

图8-4

图8-5

步骤03 在"爆文工具"下拉列表中单击"爆文标题助手"超链接，如图8-6所示。

步骤04 在关键词文本框中输入关键词，单击"生成标题"按钮，系统会通过特定算法自动生成新的标题，如图8-7所示。

图 8-6

图 8-7

步骤05 在"智能编辑器"下拉列表中单击"编辑器"超链接，在关键词文本框中输入关键词，单击"随机生成"按钮也可生成标题，如图8-8所示。

步骤06 切换至"热门标题"选项卡，在搜索文本框中输入关键词，单击"搜索"按钮，可查看热门标题，如图8-9所示。

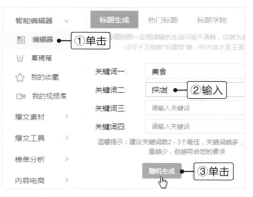

图 8-8

图 8-9

8.2.3 设计有吸引力的封面

对于视频的封面，很多创作者都缺乏足够重视，实际上，人们在观看视频时，第一眼注意到的往往就是封面，其次才是标题。如果封面足够吸睛，将大大提高视频的播放量，进而提升用户转化率。视频封面的设计有多种形式，无论封面是哪种风格类型，在制作时都要遵循以下原则：

◆ **清晰原则**：制作封面应保证画面的清晰度，清晰的画面能带来舒适的视觉体验感，反之，封面模糊不清不会让人有点击的欲望。

◆ **美观原则**：要重视封面的美观度，配色、构图、文字的搭配应协调，不要让封面看起来太杂乱拥挤。

◆ **相关原则**：即封面要与视频内容相关，可选取视频中的某一帧精彩画面作为封面，或者将视频中的主体对象作为封面主体再配以文字，不要将毫不相关的图片用作视频封面。

◆ **统一原则**：这里的统一主要是指风格统一，如果视频内容固定在某一垂直领域，或者有塑造 IP 形象、强化账号属性的需求，那么封面风格最好统一。在用户进入账号主页后，统一的封面不仅能让主页看起来简洁美观，还能强化粉丝对我们的整体印象，如图 8-10 所示为风格统一的视频封面。

图 8-10

封面要根据视频特点、风格来设计，比如美食类视频可使用美食作为封面图；剧情类视频可使用剧集中的某一情节或者主角对象作为封面图。需要注意，竖屏视频和横屏视频在封面排版设计上会有一些不同，在设计封面时，要了解平台对不同尺寸视频的封面要求。上传视频时，平台一般会在上传界面提示支持的格式以及建议的分辨率，下面来看看常见的几种视频封面类型。

◆ 文字型封面

这种类型的封面类似于大字报，封面中的文字很醒目，背景作为陪衬，或者直接设计为纯色背景。文字型封面直观简约，竖版和横版视频都可以采用这种封面样式。图 8-11 所示为文字型封面。

图 8-11

◆ 视频截图型封面

直接截取视频中的某一画面作为封面，这种类型封面没有很强的设计感，比较适合抖音这类不直接展示封面的视频平台。在截取封面时，要选择有内容、有看点的画面，这样才能吸引用户点击。图 8-12 所示为视频截图型封面。

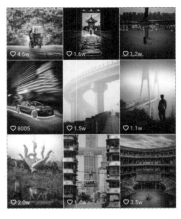 

图 8-12

◆ 人物＋标题突出型封面

这类封面具有图文搭配的特点，主体人物会占整封面三分之一及以上的画面，一般以人像大头贴的形式展现，标题文案足够醒目，且与人物的表情、动作等互相呼应。横屏视频可采用左文右图、右文左图、居中对齐等构图方式，竖屏视频一般将人物主体放在画面中间，文字靠上或靠下展现。图 8-13 所示为人物＋标题突出型视频封面。

图 8-13

◆ 拼图型封面

拼图型封面能够展示丰富的内容，比较适合 vlog、评测、开箱、搞笑、技能技巧类视频，把多张图片按照一定的比例制作成拼图，排版的方式可以是规则的 1：1、1：2、1：1：1、四宫格拼图，为增强设计感也可采用自由式拼图方式。图 8-14 所示为拼图型封面。

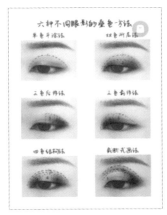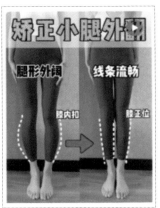

图 8-14

8.2.4　提高封面点击量的技巧

封面是影响视频点击率的重要因素，很多有经验的视频创作者都会在封面设计上下功夫,通过独特的、有吸引力的封面来帮助作品获得较高的曝光度和点击率。那么在封面设计上，有没有什么技巧可以帮助作品获得高点击量呢？答案是肯定的，具体包括以下几点：

（1）统一的调性

封面如果是图文结合的方式，那么在设计时最好统一文字、色彩、图片的风格，让封面与视频调性一致，比如搞笑类视频，可选取有趣的图片、活泼的字体、鲜艳的色彩来设计封面，同时添加搞怪装饰元素来丰富画面效果，使封面看起来内容丰富又有趣，如图 8-15 所示。

图 8-15

（2）文案突出重点

封面中的文案要选取能够突出视频重点的关键词且要简单易懂，文案不宜设计得过小，过小会影响封面文字的识读。文案的排版设计要符合人们的阅读习惯，常用的编排方式是从上到小、从左往右，要保证阅读流畅、有秩序感。在设计封面文案时要特别注意文字显示不全的情况，部分创作者在设计封面时没有考虑画幅比例以及缩略展示裁剪的问题，把文字设计得过于靠近顶部或底部，这就会导致部分文字被遮挡。

从图 8-16 所示的封面可以看到，账号主页中，封面文字出现了部分被遮挡的情况。为避免以下情况，在设计封面时要注意两点，一是文字内容不宜过多，体现核心关键词即可；二是尽量将重要的文字放在中间位置。

图 8-16

（3）制造悬念

封面的设计也可以制造悬念，剧情类、搞笑类、萌宠类、综艺类视频都可以在封面制造悬念。悬念可以激发浏览者的猎奇心理，在短时间内吸引到用户，可以通过夸张的图片、有趣的文案来制造悬念。另外，封面还可以与标题相互补充配合，进一步增强视频的吸引力，如图 8-17 所示。

图 8-17

（4）运用流行元素

在封面中使用表情包、流行语、热门特效、贴纸等网络流行元素也可以帮助作品获得更高点击量,这些网络流行元素本身具有一定的热度,且大都有趣好玩,能提高封面的趣味性,从而让浏览者愿意点击。但要注意一点,不能滥用网络流行元素,使用过多会给观众带来审美疲劳,如图8-18所示。

图 8-18

8.2.5 把握视频发布的黄金时间

发布时间的选择也会对视频播放量产生一定的影响,在用户活跃的高峰时段发布视频,能获得更多曝光。总的来看,一天有四个时间段用户的活跃度普遍更高见表8-2。

表 8-2 用户活跃度高的时间段

时间段	分 析
7:30 ~ 9:00	大多数用户都是利用碎片时间观看短视频,7:30 ~ 9:00 为工薪族上班通勤时段,在该时段,很多用户会习惯浏览短视频
12:00 ~ 13:00	该时段是大部分用户午休的时间,午休期间浏览短视频已成为很多用户休闲娱乐的主要方式
18:00 ~ 19:00	这个时段大多数用户已结束了一天的工作,在回家的路上很多用户也会习惯性地刷一刷短视频
21:00 ~ 22:00	这一时段大多数用户有充足的闲暇时间,很多用户都会选择此时间段看看短视频,放松一下,缓解一天的疲劳

根据《2019年抖音上的"80后""90后""00后"报告》印证,以上四个时间段用户活跃度相对更高,如图8-19所示。

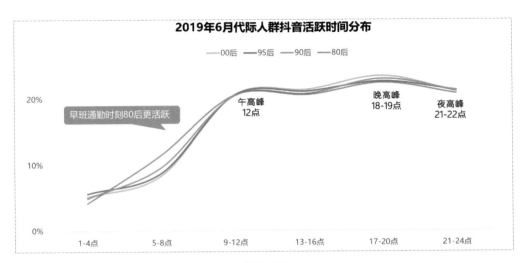

图 8-19

以上四个时间段反映了用户活跃的一般规律，只能作为参考。目标群体不同，用户活跃的时间段也会不同，因此，还要了解目标群体的流量高峰在哪个时段，下面以母婴人群为例进行分析。

实例分析

母婴人群用户活跃度分析

根据《2020 Q3 母婴群体分析报告》，抖音、头条、西瓜视频的母婴人群在 12:00、21:00 有两个明显的活跃高峰，如图 8-20 所示。

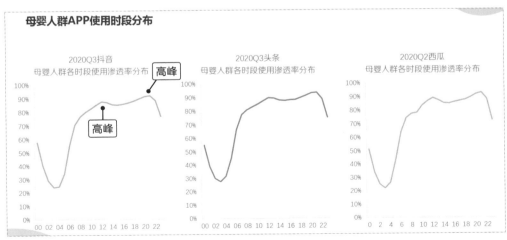

图 8-20

除此之外，还可以结合用户画像数据来进一步了解目标群体的活跃时间分布。如查看竞品账号粉丝画像数据，了解他们的粉丝在哪个时段更活跃。图 8-21 所示为母婴领域某视频达人在抖音平台的粉丝活跃时间分布图。

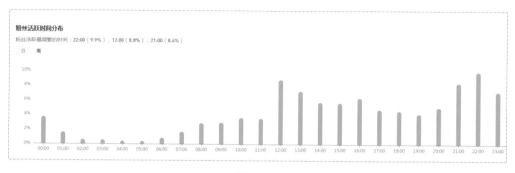

图 8-21

结合以上数据可以看出，母婴人群在 11:00 ~ 12:00、21:00 ~ 22:00 更活跃，所以，母婴领域的视频创作者可以优先考虑在这两个时间段发布视频。

8.3　让视频上热门的运营策略

每一个视频平台都有热门推荐版块，视频发布后如果能上平台热门，将会获得大量的曝光，帮助作品收获更多流量和粉丝。那么怎样才能提高视频上热门的几率呢？下面分享一些上热门的运营策略。

8.3.1　视频遵循基本内容规范

视频符合平台内容规范是上热门的基本条件，每个平台都会对用户上传的视频进行审核，只有通过审核的内容才会进入流量池，获得被推荐的机会。如果视频内容违反了平台的内容准则，不仅会导致视频被平台删除 / 屏蔽，严重的还可能导致账号被封禁。

内容审核一般分为机器智能审核和人工审核两步，主要审核视频的标题、封面、用语、字幕等内容是否违反了内容准则。图 8-22 所示为内容审核示意图。

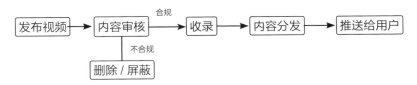

图 8-22

为了确保作品能进入流量池，在创作上要保证内容的合规性。以抖音为例，在 2021 年第三季度，站内举报处理违规内容 829 万余条，处理封禁相关违约账号 4.5 万个，由此可见平台对违规内容和账号的处理力度。创作者可以进入平台的规则中心了解具体的内容规则。图 8-23 所示为抖音社区自律公约部分内容。

一、共同遵守的行为准则

（一）抖音平台禁止以下行为

危害国家及社会安全

（1）反对宪法所确定的基本原则；

（2）危害国家安全，泄露国家秘密，颠覆国家政权，破坏国家统一；

（3）损害国家形象，损害国家荣誉和利益；

（4）煽动民族仇恨、民族歧视，破坏民族团结；

（5）违背/破坏国家宗教政策，宣扬邪教、封建迷信、伪科学；

（6）煽动非法集会、结社、游行、示威、聚众扰乱社会秩序，破坏社会稳定与公共安全；

（7）侮辱或者诽谤他人，侵害他人名誉、隐私和其他合法权益；

（8）含有法律、行政法规和国家规定禁止的其他内容。

开展、传播违法犯罪行为

（1）宣扬暴力、恐怖、极端主义，煽动实施暴力、恐怖、极端主义活动；

（2）歪曲、丑化、亵渎、否定英雄烈士及其事迹和精神；

图 8-23

8.3.2 弄懂推荐机制提高曝光机会

视频被收录后，并不代表就能获得好的流量，上平台热门，这里涉及视频推荐机制的问题。不同平台的推荐机制会有差异，常见的有以下几种：

◆ 根据用户画像或喜好来推荐。

◆ 根据社交关系来推荐。

◆ 根据流量池用户的反馈来推荐。

下面以抖音为例，来看看抖音平台的算法与推荐机制。抖音会根据用户画像以及内容标签对用户和内容进行匹配，对创作者来说，视频作品通过审核后，会得到一个初始的流量池，后期视频能不能上热门，取决于流量池的数据表现，如果数据表现好，可获得多次推荐，视频就有机会冲上热门。图 8-24 为抖音推荐机制示意图。

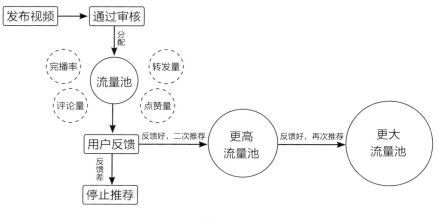

图 8-24

根据以上推荐机制，如果视频在初始流量池中数据表现较好，系统判断该内容为优质内容，那么可获得二次推荐；反之，则停止推荐。抖音的流量池推荐机制为倒三梯形漏斗形状，优质内容会被多次推荐，流量不断加码，最终成为爆款视频。图 8-25 为流量池示意图。

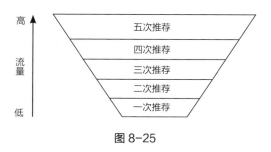

图 8-25

大多数平台都是按由小到大的流量分发原理进行视频推荐，系统会根据完播率、转发量、评论量和点赞量来判断作品是否受欢迎。因此，想让视频冲上热门，视频质量是关键，因为只有作品足够优质用户才愿意点赞、转发。其次，就是在视频发布后通过运营来提高数据表现。另外，账号初始权重、粉丝数量、关键词匹配等因素也会对系统推荐产生影响。结合以上因素，在运营上可采取以下策略来帮助视频获得更多流量：

①遵守平台内容准则，持续打造优质内容。

②完善账号信息，保持视频的发布频次，不断提高账号权重。

③设置关键词，为视频打上合理的标签，提高被推荐的精准度。

④视频发布后，通过官方推广工具、站外引流等方式来帮助提高数据表现。

⑤积极参与官方活动，很多官方活动都有流量加持。

8.3.3　付费工具助力视频推广

付费推广就是花钱来提升作品的曝光量和人气，这是视频平台为有推广需求的用户提供的一种营销宣传模式。相比免费推广方式，在账号运营初期，付费推广的效果要来得快很多。不同平台提供的付费工具有所不同，这里以抖音提供的DOU+工具为例做简单介绍。

DOU+是抖音官方推出的内容加热和营销推广工具，可帮助提高视频播放量、提升粉丝数量、增加点赞评论。DOU+有两种投放方式：一种是速推版，另一种是定向版。

（1）速推版

速推版操作起来比较简单，适合粉丝量比较少，有提升粉丝量和点赞评论量需求的新手用户使用。如图8-26所示为速推版界面。

图8-26

速推版只设置了两个选项，一是希望智能推荐给多少人，可选择1500人+、5000人+或自定义人数；二是投放目标，包括点赞评论量和粉丝量两种。速推版属于精简版本，如果账号自然流量较少，还处于冷启动阶段，那么在发布视频后就可以投放DOU+进行推广。

（2）定向版

定向版的功能更加强大，能满足用户多元化的投放需求，如果账号已经运营一段时间了，有一定的自然流量，那么可以选择定向版投放。定向版可根据需要选择期望提升的目标以及投放时长，有系统智能推荐、自定义定向推荐和达人相似粉丝推荐三种推荐方式。图8-27所示为定向版投放界面。

图8-27

系统智能推荐是根据视频的内容特征来计算兴趣人群，再将视频个性化地推荐给兴趣用户；自定义定向推荐可根据用户的性别、年龄、兴趣标签等来进行自定义推荐；达人相似粉丝推荐可根据视频类型选择相应的达人账号，系统会将视频推荐给这些账号的相似粉丝。

新账号建议选择达人相似粉丝推荐，帮助强化账号类型，精准锁定潜在用户。投放时，最好选择活跃度和互动量高的达人，以帮助实现精准吸粉。至于其他平台的付费推广工具，用户可进入平台查看具体的推广模式和收费方式等。

第 **9** 章

运营让短视频作品更有价值

从运营本身的作用来看，运营能让流量变成留存用户，实现稳定价值；运营让创作者了解内容存在的问题，进而提升内容质量；运营帮助我们获得宝贵的数据信息，减少不必要的成本。无论是自媒体还是视频团队都不能忽视运营，好的运营能帮助我们在短视频领域走得更远更长。

9.1 短视频获利的多种模式

在短视频运营有了一定的流量基础后，很多创作者就会考虑获利的问题，短视频获利的方式有多种，不同的方式难易程度不同，创作者应选择适合自己的方式。

9.1.1 电商带货

电商带货是主流的一种获利方式，也是被大多数用户广泛接受的一种方式。这种方式的门槛相对较低，即使账号只有少量粉丝基础，也可以通过电商带货来实现。以抖音为例，只需满足以下条件即可申请带货权限：

①实名认证。

②个人主页公开视频数≥10条。

③账号粉丝量≥1 000。

④缴纳作者保证金500.00元。

开通电商带货权限后，可在个人主页商品橱窗、短视频、直播中分享商品。另外，也可以使用抖音账号申请开通小店。抖音小店相当于在抖音开设的一个店铺，在小店中可以售卖自有商品，目前仅支持个体户和企业营业执照的商家入驻。如图9-1所示为视频带货和商品橱窗。

图 9-1

TIPS 《什么是直播带货获利》

在大多数视频平台，除可以通过短视频带货获利外，还可以通过直播带货来实现。它是指在视频平台开启直播，将账号流量引入直播间，然后在直播间推广商品，有需要的粉丝可点击链接购买，主播则获得带货收益。

9.1.2 广告形式

如果账号拥有一定的粉丝量和人气，那么承接广告就是很好的获利方式。商家可以委托创作者在视频或直播中对他们的产品或品牌进行宣传，创作者则收取一定的推广费。有的平台为商家和创作者提供了一站式的内容交易服务平台，帮助商家和创作者更便捷地实现营销协作，比如巨量星图。

巨量星图是创作者商业经营和成长的平台，为创作者提供获利的机会，支持抖音、西瓜、头条、火山绑定的账号登录。登录并申请开通任务后，创作者可在平台接广告订单，接受订单后需要制作脚本，客户确认脚本后，上传视频进行视频审核，审核通过后客户会确认视频，然后等待视频发布。视频发布后，等待客户确认验收即可，可通过查看视频营销数据了解播放情况。图 9-2 所示为星图任务中心和任务大厅。

图 9-2

针对不同平台的创作者，星图达人的入驻要求会不同，可登录巨量星图查看具体的入驻条件。另外，星图任务类型不同，开通要求也不同。以抖音为例，星图任务类型和开通要求见表9-1。

表9-1　抖音星图任务类型和开通要求

任务类型	开通要求
抖音传播任务	账号在抖音平台粉丝量≥10万，且内容调性健康合法
抖音短视频投稿任务	账号在抖音平台粉丝量≥1万，且内容调性健康合法
抖音图文任务	①抖音账号在抖音平台粉丝量≥1万 ②近30天发布过两篇图文体裁内容 ③内容调性健康合法
直播品牌推广任务	①抖音粉丝数≥1 000 ②近14天内，开播场次≥三场且每场开播时长≥25 min ③近30天未出现账号违规，账号封禁，违反社区规范的行为，且直播内容调性健康积极向上
直播电商带货任务	①抖音账号在抖音平台粉丝量≥1 000 ②已开通电商直播权限 ③内容调性健康合法
直播投稿任务	①抖音粉丝数≥1 000 ②近30天未出现账号违规，账号封禁，违反社区规范的行为，且直播内容调性健康积极向上

9.1.3　其他方式

除前面介绍的方式外，短视频的获利方式还有流量分成、活动奖金、粉丝赞赏、悬赏广告和线下引流等。

（1）流量分成

很多视频平台为了吸引创作者入驻，激励创作者创作更多优质内容，会给予创作者一定的流量分成收益。流量分成收益的多少一般与视频的用户观看数和视频总的观看次数有关，也就是说视频的播放量越高，获得的流量分成收益往往就会越高。

不同平台的流量分成细则会有所不同，以优酷为例，优酷流量分成收益是综合视频原创度、上传视频活跃度、视频品类、时长、完整度、用户喜爱度、内容质量等多种因素计算流量分成金额，流量分成收益是根据系统过滤后的有效数据进行计算，具体以平台实际发放为准。

（2）活动奖金

为鼓励优质内容创作，很多平台会不定期推出创作活动，创作者可通过参与创作活动获得创作奖金。以大鱼号 U 创计划—松果奖为例，该活动是 2020 年 1 月推出的，所有符合条件的原创图文或视频作品均可参与评选，大鱼号平台将对评选的作品进行综合评估，对获得平台认可的优质内容给予现金奖励。

在抖音平台，创作者还可以通过参与"全民任务"中的拍摄任务来获得现金奖金。登录抖音 App 后进入创作者服务中心，点击"全民任务"按钮，在打开的页面中即可查看任务，创作者可选择适合自己的任务创作视频并获得活动奖金，如图 9-3 所示。

图 9-3

（3）粉丝赞赏

在部分平台，创作者可以通过粉丝赞赏的方式来实现。比如在公众号中发布视频，创作者可开通赞赏功能，这样粉丝就可以对优质视频进行赞赏支持。另外，创作者也可以通过短视频＋直播打赏的方式实现，短视频＋直播是如今短视频获利的一种主流方式。图 9-4 所示为公众号赞赏和直播打赏功能。

图 9-4

（4）悬赏广告

悬赏广告与承接广告是两种不同的方式，悬赏广告不需要创作者创作视频，创作者通过广告的曝光度来获得收益。以 bilibili 为例，创作者加入悬赏计划后，可在视频下方关联广告，广告展示会有"Up 主推荐广告"标识，创作者可获得广告分成收益，如图 9-5 所示。

图 9-5

（5）线下引流

对于线下商家、做本地服务的短视频账号而言，可通过线下引流的方式来实现获利。以抖音为例，在抖音发布视频时可以带上线下门店定位，或者通过口碑营销的方式来推广线下店铺，从而实现线下引流。另外，线下商家还可以开通自己的抖音门店，然后通过短视频实现店铺曝光。用户在观看视频时，可以点击视频中的链接查看店铺位置、团购信息等，如图 9-6 所示。

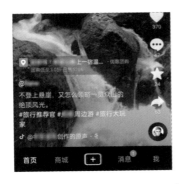 

图 9-6

9.2　渠道运营：合理搭建与管理账号

　　市场中的新媒体平台有很多，不管是入驻哪个平台都需要创建一个账号，要想让账号在平台获得好的成长与发展，就需要做好渠道运营，对重点渠道则要做到精细化运营。

9.2.1　账号包装获得更多人气

　　渠道运营首先要做好账号包装，账号包装就是对账号进行信息完善和美化。粉丝在进入账号主页后，会看到账号头像、名称、简介、签名及背景墙等，这些都需要包装。账号头像和名称是我们的社交名片，虽然大多数平台都支持账号头像和名称的修改，但最好在发布第一条视频前就确定账号和头像，且一旦确定不要轻易更换，尤其是在账号有了一定粉丝基础的情况下。

　　对粉丝而言，他们会通过头像和名称来识别自己关注的账号，账号头像和名称一旦修改，会让粉丝认为自己关注的人不存在了。频繁修改账号既不利于打造IP 形象，也不利于粉丝记忆和识别。另外，不少平台对于账号名称的修改都有次数限制，如一年一次或两次等，所以，账号取名不能随意为之。好的名称能起到很好的引流作用，甚至能帮助吸引精准粉丝，那么什么样的名字才是好名称呢？取名时要把握以下要点：

- **便于记忆**：好的账号名称应具有"好记"这个特点，用户只需要看一遍便能快速记忆。要让账号好记，在取名时就不能让名称过长，另外，也不要在名称中使用复杂的符号或生僻字等，这都会增加用户记忆的难度。

- **便于理解**：好理解的名称同样可以让账号快速被识别和记忆，比如化妆师××、××健身教练，这是采用职业+昵称的取名方式，名称简单易懂，一眼就可以知道创作者擅长的领域是什么。

- **便于传播**：做新媒体一定要充分利用传播效应，好的名称可以降低传播成本，在为账号取名时，可以借助叠字、拟人化修饰、谐音命名等方法来让名称更有特点，易于传播。

- **贴合定位**：名称一定要贴合自身的定位，账号定位可以让用户快速了解我们是谁以及我们能提供什么样的内容，可以采用受众人群+昵称、职业+名字、数字+昵称的取名方式，如××先生、××的试衣间、美食作家××等。

打开抖音、快手等视频平台后可以发现，用户在观看视频时是看不到账号名称的，只有进入账号主页后才能看到账号名。在视频播放页，用户第一眼看到的是头像，头像是账号形象的一种体现，它会影响用户的第一印象。账号头像的设置并没有统一的标准，但也不能随便挑选，以下几种头像设置方法可供借鉴参考：

- 如果是个人号，需要打造个性形象，可用真人照片作为头像。

- 企业账号可用品牌 Logo 作为头像。

- 萌宠类账号可选取宠物的照片作为头像。

- 账号形象定位于某一领域的专家，头像的选取也应体现专业性。

总之，头像要符合账号的风格定位以及人设，尽量帮助用户快速认识和记住自己，设置头像时需注意以下禁忌：

①头像模糊不清，人物头像看不清人脸、文字头像看不清文字内容。

②使用二维码作为头像。

③头像没有意义，也不便于识别，如选择纯色背景等无意义的图片作为头像。

④使人反感、低俗的照片作为头像。

完成账号名称、头像的设置后，还要对账号简介、背景进行设置。账号简介可以包含较为丰富的内容信息，帮助粉丝了解账号定位、风格等，另外，在账号简介中也可以进行引流推广。在编写账号简介时，可考虑以下几方面的内容：

◆ 账号简介中体现内容价值，介绍账号的内容方向、定位等。

◆ 介绍个人身份，如培训师、化妆师、健身教练等。

◆ 体现账号人设，如手工达人、好物推荐师、探店博主、贴心大姐姐等。

◆ 商务合作推广，如写上合作邮箱、微信等。

账号简介中可以运用表情、符号让内容信息看起来更轻松、活泼。背景墙是很多创作者容易忽视的，在设置背景墙时应选择高清的图片，同时注意图片尺寸，确保重要信息展示完全，如图9-7所示为抖音账号简介和背景墙。

图9-7

9.2.2 创作活动获得流量扶持

在视频运营初期，参与创作活动是提高视频曝光量，为账号积累人气的有效方法。以抖音挑战赛为例，挑战赛是抖音的一种互动营销工具，通过话题来带动用户参与，从而助力传播和曝光。挑战赛具有很强的趣味性和互动性，对创作者来说，参与挑战赛不仅能获得官方流量入口，还能获得强曝光效果。

在抖音榜单中，挑战赛有专门的入口，点击"立即参与"按钮即可拍摄视频参与挑战赛话题活动，另外，热门的挑战赛还能上抖音热榜。挑战赛的参与门槛普遍不高，只要内容符合活动要求且比较优质，新账号、小粉丝体量的账号也有机会上热门获得高流量曝光。图9-8所示为抖音挑战赛。

图 9-8

另外，还可以选择参与有流量扶持的创作激励活动来获得流量奖励。在参与活动时，要注意阅读活动规则。图 9-9 所示为抖音话题活动任务玩法和规则说明。从图中可以看到，该活动是根据视频表现来瓜分流量，流量奖励直接用于该发布的视频。

图 9-9

9.2.3 账号成长期引流吸粉

在账号成长初期，引流吸粉是运营的重点。最主要的引流吸粉方式就是持续发布优质视频内容，除此之外，还可以利用其他引流方法来帮助提高账号粉丝量，比较实用的引流方法有以下一些：

◆　海报推广

海报是很多自媒体、企业常用的营销工具。这一工具也可以用于为视频账号引流，创作者可以将引流海报分享至公众号、朋友圈等其他新媒体平台，通过海报的传播裂变来引流。为了达到引流的目的，海报中要有视频账号信息以及关注方式，同时要注意海报的视觉设计，有视觉吸引力的海报才能引起新媒体用户的注意。

◆　社交平台引流

这是比较简单且有效的一种引流方式，视频发布后，可以将视频分享至社交平台，如微信朋友圈、微信群、QQ群、微博等，通过社交圈子来为账号引流。比如要为抖音账号引流，可以下载抖音账号二维码名片或者复制视频链接，然后将二维码名片或链接分享到社群。另外也可以以视频 + 文案的方式引流，将视频发布到社交平台后，在推广文案中引导关注。图9-10所示为在微信社群和朋友圈为抖音账号引流。

图9-10

◆　互粉回关

从视频平台的推荐机制来看，很多平台都会基于社交关系来进行内容推荐。基于该推荐机制，平台会将我们的账号、视频推荐给有"社交联系"的其他用户。以抖音为例，关注他人后，在对方的"粉丝"列表中会展现出来，对方可通过粉丝列表实现回关。另外，抖音也会将我们的账号、视频推荐给对方，对方在观看视频时页面会提示"该用户关注了你"或"对方关注了你"，这样也可以实现回关。

互粉回关需要讲究一定的策略，这样才能提高回关率，具体有以下几点：

◆ 不要选择粉丝体量很大的视频创作者互粉，这类账号回关的概率很低。

◆ 视频发布量、关注量为0的账号也不适合互粉回关，这类账号一般为普通用户，他们没有视频运营的需求，也不需要粉丝，自然也较难实现回关。

◆ 长时间不更新的自媒体账号，这类自媒体创作者的活跃度可能很低，或者已不再运营该账号。

那么哪类账号更容易实现互粉回关呢？一般来说，可选择有作品更新、粉丝体量与我们的账号粉丝量相当的自媒体创作者或者竞品账号。选择竞品账号的原因在于，小粉丝体量的竞品账号也有吸粉引流的需求，彼此互粉回关能够实现精准引流，对双方来说是合作共赢。关注他人前，可以私信说明互粉回关意向，若对方也有引流的需求，然后再精准互关。

◆ 活动引流

活动引流是指通过策划营销活动来为账号吸粉引流，比如在社交平台可以采用关注 + 点赞抽奖、关注 + 转发抽奖的活动形式来提升账号粉丝量。图9-11所示为视频号引流活动。

图9-11

9.3 用户运营：让粉丝流量留存下来

如何让粉丝留存下来是运营的关键，粉丝黏性不强、留存难，是账号运营中期常常遇到的难题。要想留住粉丝，并将新粉丝逐步培养成忠实粉丝，就必须注重粉丝运营，学会粉丝管理和维护。

9.3.1　粉丝互动提升活跃度

粉丝与我们的互动主要表现为点赞、转发、评论和赞赏等，粉丝的这些互动行为可以提高视频数据反馈，从而帮助视频冲上热门。创作者不仅要关注互动率的变化，还要重视与粉丝的双向互动，这样才能有效增强粉丝黏性。不管账号的粉丝体量是大还是小，与粉丝互动都是必不可少运营策略。与粉丝互动的方式有很多，包括评论互动、自动回复互动和活动互动等。

（1）评论互动

评论互动是很常用的一种粉丝互动方式，通过评论可以拉近与粉丝之间的关系，让粉丝感受到我们非常"宠粉"。新账号在视频评论数较少的情况下，尽量每条评论都回复，当评论数逐渐增多后，就可以选择性的回复。除回复外，点赞也是一种互动方式。图9-12所示为抖音视频中的回复和点赞互动。

图9-12

（2）自动回复互动

自动回复互动主要针对的是新粉丝，创作者可以设置被关注自动回复，通过简单的招呼语来与新粉丝进行互动，同时也加深粉丝的印象。图9-13所示为抖音关注自动回复。

图 9-13

（3）活动互动

活动不仅能提高粉丝活跃度，维系粉丝关系，还能进一步吸引新用户关注账号，比较常用的活动互动方式有转发、点赞、评论抽奖，除此之外，也可以考虑表 9-2 的活动互动方式。

表 9-2　活动互动方式

活动互动方式	活动内容	示　　例
有奖竞猜	让粉丝在视频评论区留言参与答题，回答正确的粉丝可以赢得奖品	今天的问题是：××，在这条视频下方留言写下你的答案，从回答正确的粉丝中选出 20 获 × × 奖
游戏互动	以游戏的方式与粉丝进行互动，如视频合拍、直播连麦、拍贴纸 @ 指定账号等	真人出镜使用指定贴纸拍摄视频，发布时添加指定话题并 @××，完成互动活动可获得现金奖励
粉丝评比	定期开展粉丝互动评比活动，根据粉丝互动数或者互动行为来设置奖项，如评论点赞量最高的粉丝、互动率排名靠前的粉丝可获得奖励	【宠粉互动活动】每周根据粉丝互动指数排行榜抽取排名前五的粉丝，赠送粉丝专属周边 【攻略】转发视频，坚持转、赞、评，提升互动指数

9.3.2　建立社群聚集粉丝

在新媒体平台，我们熟悉的微信群、QQ群、微博群、抖音群等都是社群的载体。社群可以帮助我们进一步与粉丝建立信任关系，同时也可以为粉丝提供交流互动的平台。社群具有很强的社交属性，经营好社群，更利于实现商业获利。

建立社群后，首先要引导粉丝进入社群。私信窗口、账号主页都可以引导粉丝入群。图 9-14 所示为在抖音私信页面和账号主页添加社群入口。

图 9-14

社群中的粉丝并不是越多越好，为了保证社群的质量，让社群有一个好的交流氛围，避免社群沦为广告群、助力群，应对入群的门槛进行限制，同时制订群规对社群进行规范化管理。根据账号运营的需要，可设置不同的入群门槛，如关注可入群，成为直播间会员可入群，关注群主超七天、五级粉丝团成员可入群等。

群规的内容可以是禁止发布不当言论、外部链接、私拉好友等，主要是对群成员的昵称、言行等进行规范，具体可根据社群的类型来设置。图 9-15 所示为某微信社群规则。

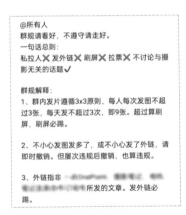

图 9-15

9.4　数据运营：用数据来做优化反馈

视频的播放量是好还是坏？发布的视频粉丝是否喜欢？账号的涨粉情况如何？要回答这几个问题就需要分析视频数据，并结合数据来对账号进行综合评估，为内容创作、发布提供优化指导。

9.4.1 三大数据分析关键指标

数据分析是日常运营中经常进行的一项工作，在对视频和账号进行分析评估时，有三大数据会作为分析的重点，包括播放数据、粉丝数据以及互动数据。这三大数据反映了用户对视频内容的一个反馈。

- ◆ **播放数据**：通过查看视频播放数据可以评估视频的播放效果，在数据面板中一般能查看到单个视频总的播放量、播放量的增长趋势以及账号累计播放次数等。

- ◆ **粉丝数据**：粉丝数据可以帮助我们了解粉丝的增长情况、属性特征以及活跃度等，结合粉丝数据可对视频的内容风格、发布时间等做出调整和优化。

- ◆ **互动数据**：主要的互动数据有点赞数、评论数、转发数、收藏数等，良好的互动数据有助于视频上热门。一般来说，视频的点赞数往往会高于评论数、转发数，因为点赞的动作更简单直接。结合互动数据进行分析可以了解粉丝喜好以及视频是否具有话题性、实用性等。

查看视频数据的主要途径有两个：一是创作者服务中心；二是使用数据平台提供的分析工具。图9-16为在数据分析平台查询到的近30天抖音视频数据。

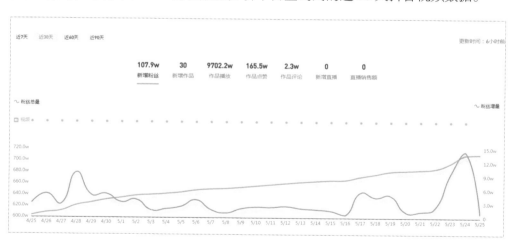

图9-16

9.4.2　如何用数据指导运营

数据分析贯穿了运营的整个过程，通过对数据进行分析，可以给出视频优化的方向，从而对账号的成长起到正向的推动作用。在众多数据指标中，反映视频内容质量的指标有播放量、点赞量和评论数。因此，我们可以查看单条视频的播放、点赞数据，通过数据去判断视频的质量。图9-17为抖音单条视频的播放数据统计列表。

	播放量	点赞	评论	分享	赞播比
时尚　前面视频我睫毛刷了睫毛膏以后用了这个所以糊哦，但是没拍进去！睫毛夹我有时候着急也会夹到自己的肉，所以我... 热词 睫毛 睫毛膏 卧蚕笔 遮瑕刷 关联商品（1）：第4代烫睫毛器USB充电轻松卷翘太阳花。发布于19小时前丨更新于36分钟前	8.3w+	237	68	18	0.29%
时尚　#8090后 催更来了！我不喜欢打灯和美颜分享真实是我做抖音的初衷【下集】我并不是说之前镜误化妆不好看，但是... 热词 底光 飞咖 猪头 求全 发布于20小时前丨更新于36分钟前	36.6w+	2.1w	1,117	2,019	5.64%
时尚　#8090后 催更的来了！改变后的妆容最重要的就是底妆，所以我讲的非常详细【上集】底妆 眉毛 卧蚕眼线眼影都... 热词 定妆 底妆 卧蚕 油皮 发布于20小时前丨更新于7分钟前	91.7w+	3.4w	1,589	4,176	3.73%

图9-17

从图9-17中可以看到，单条视频的播放量有高有低，这时结合以上数据从内容选题、视频时长、发布时间以及视频类型等方面来分析播放量升高或降低的原因。图9-18所示为查看播放量最高的单条视频的数据。

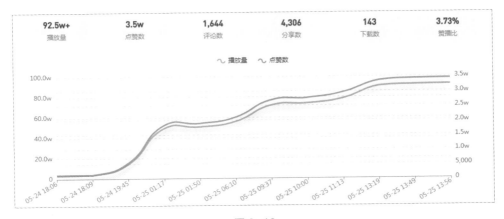

图9-18

从图 9-18 所示可以看到，视频总的播放量为 92.5w+，该条视频发布时间为 5 月 24 日的 17:00，发布后播放量的增长比较平缓，真正放量是从 18:09 开始，证明 18:09 以后观看该条视频的用户较多。点赞数与播放量的走势基本一致，说明视频质量不错。从评论数和分享数来看，分享数远大于评论数，由此可见视频具有较强的分享价值。

从该条视频的内容来看，是关于底妆的教程类视频，内容具有详细、实用的特点。良好的数据反馈说明了这类型的视频是能够吸引到粉丝的，后期在进行内容策划时就可以将美妆教程作为内容创作的一大方向。

结合图 9-17 可以看出，带货视频的播放量明显偏低，后期如果要以视频带货为主要获利方式，那么就需要对带货视频进行优化调整。可以结合内容选题、标题文案、封面设计、视频画质、广告植入方式等来进行分析，得出带货视频播放量低的具体原因。

分析时要善用对比法，将每月或每周的视频数据导出来，按照播放量高低进行排名，比较分析优点和不足。如果将视频发布到了不同平台，还可以统计不同平台的视频数据，看哪个平台的数据反馈较好。如比较抖音和快手的视频数据，发现抖音的数据反馈明显较好，那么在渠道的选择上就可以重点运营抖音平台。除此之外，还要与同类型的视频做比较，分析同类视频中哪些视频播放量高，哪些视频成为爆款，反思自身的不足，学习借鉴他人的成功经验，然后再对视频选题、内容表现形式进行优化。图 9-19 所示为竞品账号近 30 天视频数据总览。

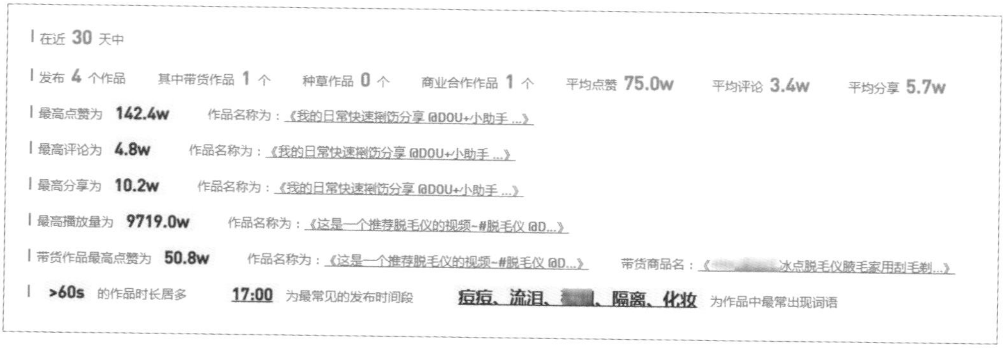

图 9-19

从图 9-19 中可以看到近 30 天内竞品账号发布的视频作品数量，以及最高点赞、评论、分享和播放的视频是哪些。对竞品视频进行分析后，还可以对账号的粉丝属性以及增长趋势进行分析，了解粉丝的性别分布、年龄分布以及兴趣偏好等，这些数据都可以帮助我们指导内容创作。图9-20所示为粉丝性别和年龄分布。

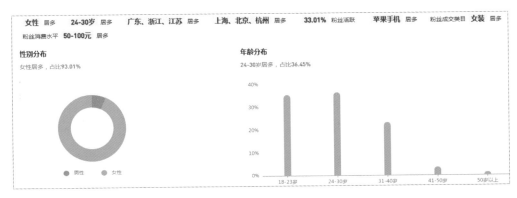

图9-20

粉丝的增长受多方面因素的影响，创作者分析粉丝数量的增长趋势，它可以反应某一时间段内视频受用户的欢迎程度。图9-21所示为近30天新增粉丝数据。

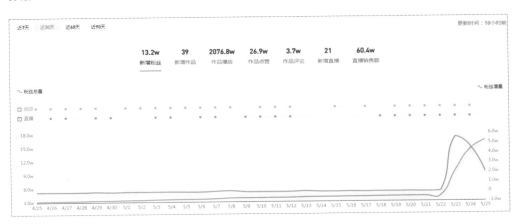

图9-21

从图9-21中可以看到，前期粉丝增长很慢，在5月22至25日，粉丝增速很快。再结合作品数据分析，5月22至25日发布的视频获得了较高的播放数据，进一步说明了视频播放量对粉丝增长量的影响，也反映了该段时间发布的视频受到了目标受众的青睐。